보행교통의 이해

- 살기 좋은 도시 만들기의 첫걸음 -

한상진·장수은·진장원 지음

보행교통의 이해

- 살기 좋은 도시 만들기의 첫 걸음 -

서문

도시를 알려면 걸어야 한다. 걸어야 건물의 외관도 음미할 수 있고 지나가는 사람들의 표정도 보인다. 대화하며 지나가는 사람들의 목소리도 들을 수 있다. 심지어 도시가 지니는 독특한 냄새를 맡을 때도 있다. 걷다가 지치면 길거리 음식을 먹어보며 쉴 수도 있고 상점에서 파는 물건을 만져볼 수도 있다. 걸어야 오감으로 도시를 체험할 수 있다. 차를 타면 경험할 수 없는 것들이다.

그렇다고 모든 도시가 걷기 좋은 것은 아니다. 중세에 조성된 가로를 아직도 잘 이용하는 파리, 프라하, 스톡홀름 등은 걷기 좋지만 로스앤젤레스 같은 자동차 중심 도시는 걷기에 좋지 않다. 같은 도시 안에서도 어떤 거리는 걷는 것이 즐겁지만 어떤 거리는 걷기 힘들다. 강남의 영동대로를 따라 걷는 것은 지루하지만 연남동 골목길은 걷는 재미가 있다.

이 책은 사람들은 왜 걷는지, 걷는 것의 가치는 무엇인지, 도시를 어떻게 만들어야 사람들이 기꺼이 걷게 되는지에 대한 내용을 정리하고 있다. 직립보행을 시작한 인류가 도시를 만들고 걸으며 도시생활을 영유한 역사는 아주 오래되었다. 기원전에 만들어진 이태리 도시 폼페이를 보면 걷는 고대 도시가 어떤 모습이었는지 알 수 있다. 자동차 중심의 도시 역사는 채 100년이 되지 않는다.

하지만 그 100년 동안 우리는 자동차에게 소중한 생명의 가치를 포함해 많은 것을 양보했다. 이제 다시 보행도시의 가치를 되살리는 것은 자동차 중심의 도시에서 사람 중심의 도시로 돌아가는 것이다.

보행은 모든 교통행위의 시작과 끝이다. 이 당연한 명제를 깨닫게 된 것은 2007년 보행우선구역 시범사업을 수행하면서부터이다. 이 사업을 통해 보행환경을 개선하기 위한 조사, 계획, 설계를 추진하고 그 성과를 토대로 보행우선구역 설계 매뉴얼을 만들면서 보행이 갖는 중요성을 간과해왔음을 자각했다. 그동안 배우고 연구해 온 대상이 사람이 아니라 자동차였음을 인정하지 않을 수 없었다. 이제라도 도시에서 보행의 가치를 되살리는 연구가 중요할 뿐만 아니라 사람들에게 더 많이 알고 체험하게 하는 것이 중요하다고 생각하였다. 이 책은 이런 이유로 세상에 나왔다.

하지만 집필을 시작하고 책이 세상에 나오기 까지는 긴 시간이 걸렸다. 시작한지 꼭 5년만이다. 초벌 원고는 1년 만에 그럭저럭 완성이 되었지만 책으로 간행할 기회를 얻지 못해 원고는 계속 잠자고 있었다. 그러다 키네마인의 손영선 대표님의 배려로 책으로 출간할 수 있는 기회를 얻었다. 집필진을 대표해서 감사의 인사를 드린다.

이 책은 보행에 관심이 있는 도시와 교통분야 종사자에게 도움이 될 수 있을 것이다. 보행과 관련된 종합적 학술서적이 없는 상황에서 보행을 이해하고 도시계획, 도시설계, 도시부 도로를 포함한 교통계획 및 설계 등에 참고가 될 것이다. 대부분의 내용은 보행을 알고자 하는 일반인도 크게 어려움 없이 읽어나갈 수 있다. 다만 3장에서 다루는 보행교통분석은 수학적 내용이 많이 포함되어 있다. 학술적, 전문적 지식을 필요로 하지 않는 독자는 3장을 건너뛰어도 무방하다. 특히 3장의 한걸음 더에 해당하는 3.5절과 3.6절 부분은 복잡하고 어려운 내용이 많다. 이 부분을 더 구체적으로 이해하고자 하는 독자는 참고문헌을 읽어볼 것을 권한다.

끝으로 '걷기 좋은 도시가 살기 좋은 도시'라는 명문을 남긴 한 도시계획가의 의지를 기억하며 더욱 걷기 좋은 도시를 만들기 위해 노력하는 사람이 많아지는데 이 책이 도움이 되었으면 한다.

2019. 2

저자를 대표해서 **한 상 진** 씀

저 l 자 l 소 l 개

한 상 진
현 한국교통연구원 선임연구위원
전 OECD/ITF Policy Analyst
런던대(UCL) 교통학 박사

〈주요저서 및 연구〉
제8차 교통안전기본계획 (2016)
보행우선구역 시범사업 (2008~2010)
도로교통안전공학 편람 (2005)
24시간 사회 (2001)

장 수 은
현 서울대학교 교수
전 한국교통연구원 책임연구원
런던대(UCL) 교통학 박사

〈주요저서 및 연구〉
기후변화 적응전략 연구(2013-현재)
도시철도 교통 회복력 연구(2017-2018)
한국의 사회동향(2015-현재)
철도사업 추진기준 연구(2013-2014)

진 장 원
현 한국교통대학교 교통대학원 원장
현 걷는 도시 서울 민관실행위원회 위원장
전 칭화대 초빙교수
동경대 교통공학 박사

〈주요저서 및 연구〉
교통학개론(2012)
交通基本法を考える(2011)
교통안전학(2007)

목 차

서문 4

저자소개 7

제1장
보행교통의 소개
   1.1 보행교통의 정의 12
   1.2 보행과 도시 14
   1.3 보행의 의미 22

제2장
보행교통의 특성
   2.1 보행통행 실태 30
   2.2 보행자 시설 및 공간 37
   2.3 보행과 감각 39
   2.4 보행자 행동특성 43
   2.5 보행의 가치 56
   2.6 보행과 안전 64
한 걸음 더
   2.7 보행권의 이해 70

제3장
보행교통 분석

- 3.1 보행교통류 이론 81
- 3.2 보행 서비스 수준 90
- 3.3 대기행렬분석 97
- 3.4 보행량 예측 모델 105
- 3.5 보행시뮬레이션 112

한 걸음 더
- 3.5 통합 보행 서비스 수준 116
- 3.6 시공간 점유량을 이용한 보차혼합공간의 안전성 평가 130

제4장
보행환경 계획 및 설계

- 4.1 보행환경 개선사업 개요 148
- 4.2 국내외 보행환경 개선사업 158
- 4.3 보행환경 조사 178
- 4.4 보행자 중심 가로계획 및 설계 184
- 4.5 보행시설물 설계 204
- 4.6 주민참여와 유지관리 215

제5장
보행과 도시

- 5.1 걷기 좋은 도시 Walkable City 224
- 5.2 보행도시 만들기 전략 230
- 5.3 보행도시 사례 258
- 5.4 보행과 비즈니스 268

한 걸음 더
- 5.5 차 없는 거리가 지역 발전에 미친 영향 272

제1장
보행교통의 소개

제1장 보행교통의 소개

1.1 보행교통의 정의

인류와 걷기

 인류의 가장 기본적인 교통수단은 두 발이다. 고대로부터 인류는 걷기를 통해 일상생활을 영유해 왔다. 걸어서 농사를 지으러 가고, 사람을 만나고, 시장에 오갔다. 말이나 소를 이용하는 경우도 있었지만 그건 보편적인 교통수단이 아니었다. 적어도 기계문명이 발달하기 전까지 사람들의 주된 교통수단은 걷기였다. 그러나 인류 문명의 발전은 말보다 훨씬 빠른 교통수단을 만들어 냈다. 기차나 전차가 등장하고 자동차가 만들어졌다. 개인이 원하면 언제 어디든 갈 수 있는 편리함에 걷기보다 차를 타는 것이 선호되었고 자동차를 타는 일이 더욱 세련된 것이라고 인식하기 시작했다. 자동차는 부의 상징이 되기도 하고 각자의 개성을 나타내는 분신처럼 여겨지기도 했다.
 하지만 자동차에 더 많은 가치를 둔 덕분에 우리의 생활환경은 점점 자동차는 편리하고 걷기에는 불편하게 바뀌어 갔다. 아스팔트로 잘 포장된 도로를 만들어 차가 빨리 달릴 수 있게 했고, 더 빨리 이동하게 된 만큼 도시를 더 확장시켜 나갔다. 오늘날 도시는 차 없이 생활할 수 없을 만큼 너무 비대해지고 말았다. 걸어서 일상생활을 영유하기란 여간 어려운 일이 아니다. 집 앞 도로마저 주차장으로 변모하고 쌩쌩 달리는 차 때문에 도시에서 걷는 것은 위험하기까지 하다. 그러니 차 앞에서 걷는 사람은 위축될 수밖에 없다.

최근 들어 이러한 자동차 중심의 교통정책이나 도시개발에 새로운 반전이 일고 있다. 지속가능한 발전 혹은 녹색성장이 화두로 등장하면서 '걷기'의 가치를 새삼 중요하게 인식하기 시작했기 때문이다. 제주도 올레길, 지리산 둘레길 등 걷는 즐거움을 테마로 관광자원을 개발하기도 하고, '걷고 싶은 길' 만들기를 중요한 도시정책으로 삼기도 한다.

보행교통의 개념

과거 자동차 위주의 교통정책과 교통문화 때문에 사람들이 덜 걷게 된 것은 사실이지만 보행은 여전히 교통측면에서 가장 중요한 교통수단으로 확인되고 있다. 우리나라의 대도시권 가구통행실태 조사 자료를 살펴보면 모든 대도시에서 전체 교통수단 중 보행이 차지하는 비중은 20% 이상으로 승용차 다음으로 중요하다[1]. 이는 자동차 중심의 도시교통체계 안에서도 여전히 많은 사람들이 걸어서 움직이고 있음을 나타내고 있다. 보행은 그만큼 기초적이고 중요한 교통수단인 것이다.

보행교통의 개념은 협의적으로 교통수단으로서의 걷기를 의미한다.

---

1) 국가교통DB 내부자료 (2장 참조)

즉, 걸어서 특정한 목적을 수행하기 위해 A장소에서 B장소로 이동하는 행위만을 보행교통으로 정의할 수 있다. 교통수단으로서의 보행교통은 이동 거리가 길지 않다면 자전거나 자동차 등의 교통수단을 대체하는 수단이 되기도 한다. 가령 학교에 걸어서 등교하거나 가까운 슈퍼마켓에 걸어서 쇼핑을 하는 경우 보행교통이 통학 혹은 쇼핑을 위한 통행의 교통수단이 된다.

한편, 보행교통은 다른 교통수단을 이용하기 위한 보조적 역할도 수행한다. 버스를 타기 위해서는 집에서 정류장까지 걸어가야 하고 버스를 이용한 이후에는 정류장에서 최종 목적지까지 걸어가야만 한다. 광의적으로 보행교통은 모든 걷는 행위를 지칭할 수 있다. 여기에는 산책, 운동, 배회, 탐험, 등산 등 걷기를 통해 장소적 이동을 만들어내는 모든 행위가 포함된다. 다만, 이런 유형의 걷기는 걷는 것 자체가 목적이 되기 때문에 특정한 목적을 달성하기 위해 걷는 협의적 차원의 보행교통과는 목적에서 차이가 있다.

1.2. 보행과 도시

보행과 도시의 탄생

두발로 걷기. 즉 보행은 인간만이 지니고 있는 고유의 특징이다. 소위 똑바로 서서 걷는다는 '직립보행'이라는 표현은 인류를 네 발로 다니는 동물과 구분하는 차원에서 종종 사용된다. 직립보행의 가장 큰 의의는 손을 더 자유롭고 다양한 목적으로 사용할 수 있게 되었다는 것이다. 걷는 기능에서 해방된 손은 인류가 더 많은 발견, 발명, 발전을 이루는데 도움을 준다. 두 발로 걷지 않았다면 인류는 도시와 문명을 만들어내지 못했을 것이다.

여기저기 걸어 다니며 수렵과 채집활동을 하던 인류는 농경 기술을 개발하면서부터 한 곳에 머무르며 정착생활을 할 수 있게 되었다. 여기에 법, 제도, 종교, 경제, 문화 등 인류 문명의 발전이 이루어져 마침내 도시를 건설하게 되었다. 도시에서는 더 많은 사람이 모여 살기 때문에 더 안전했고 사회적·종교적 욕구를 만족시킬 수 있었으며, 다양한 정치적·경제적·사회적 조직의 산파 역할도 수행했다. 노동의 전문화와 분업화도 강화되어 생산성을 높일 수 있었다. 이처럼 도시는 인류문명 발전의 기원이 되었고, 도시의 발전 및 확대는 국가의 발전으로 연결되었다.

보행교통과 도시규모

도시에서 제일 중요한 것은 사람들의 생존에 필요한 음식과 물의 공급이다. 이 때문에 대개 고대 도시는 물에 가깝고 경작에 유리한 하구의 평원 지대에 만들어졌다. 당시 사람들은 보행을 주된 교통수단으로 이용했다. 곡식 등 화물은 동물을 이용하여 운반하기도 했다.

기록에 따르면 고대 수메르와 이집트 인들의 경우 약 5,000년 전부터 배를 이용하였다.[2] 하지만 바퀴가 있는 교통수단의 이용은 배에 비하면 그리 오래되지 않았다. 바퀴를 이용한 교통수단을 이용하기 위해서는 도로가 필요하기 때문이다. 최초의 도로라고 볼 수 있는 로마의 도로는 군대 이동을 위해 만들어졌다. 넓은 로마제국을 통치하기 위해 신속한 군대의 이동이 필요했기 때문이다. 하지만 도로가 만들어지자 말과 수레를 이용한 물자의 운송도 용이해졌고 사람들의 왕래도 늘어났다. 군사적 목적으로 등장한 도로를 따라 사람, 물자, 문명의 교류가 더 활발해진 것이다.

증기기관과 전기가 발견되기 전까지 도로의 주인은 사람이었다. 따라서 19세기 초까지 인류의 교통 속도는 대략 시속 4~5㎞를 넘지 못했다.[3] 이 때문에 주거지, 시장, 생산지 등 도시의 기능은 모두 모여 있어야 했다. 그렇지 않으면 교통에 시간을 너무 많이 써 버려 다른 도시 활동을 영유할 수 없기 때문이다. 대체로 사람들은 1시간 정도만을 교통에 할애해 왔으며 이 수준은 오랫동안 이어져 오고 있다. 성곽으로 둘러싸인 중세의 도시규모도 보행권역을 넘어서지 않았다. 19세기에 중세 도시의 성곽이 헐리고, 도시의 공간적 범위가 다소 커지기는 했지만 도시는 여전히 좁은 공간에 많은 기능이 배치되었으며 보행권역의 제약을 크게 넘어서지 못하였다.

예를 들어 <표 1-1>은 고대부터 중세까지 주요도시의 인구와 면적

---

[2] W.L. Garrison, J.D. Ward, Tomorrow's transportation: Changing Cities, Economies, and Lives, Artech House Inc., 2000.
[3] W.L. Garrison, J.D. Ward, Tomorrow's transportation: Changing Cities, Economies, and Lives, Artech House Inc., 2000.

을 보여주고 있다. 고대 그리스의 대표적인 도시 아테네의 인구는 전성기인 BC 5세기에 약 100,000명이었으며(대체적인 그리스의 도시국가 인구는 50,000명 수준으로 알려져 있다.), 도시면적은 3㎢ 수준이었을 것으로 추정된다.[4]

유럽과 아시아에 걸친 제국을 건설한 로마제국의 수도 로마는 전성기인 AD 4세기에 인구 1백만 명에 이르렀다. 하지만 로마시의 면적 역시 약 12㎢인 것으로 추정된다. 이 정도의 도시 면적이라면 보행으로 충분히 도시 활동을 영위할 수 있다[5]. 보통 사람들이 한 시간에 걷는 거리가 4km 정도라면 도시 면적 16㎢의 정도까지는 보행이 도시의 주요 교통수단이 될 수 있기 때문이다. 이러한 경향은 고대에서 중세를 거쳐 19세기까지 이어졌다.

14세기 파리는 인구 275,000명에 면적은 약 4㎢에 불과했지만 19세기 초에 이르러 인구 580,000명에 면적 16㎢까지 확장된다. 런던의 경우는 17세기까지 인구 450,000명, 면적 10.2㎢에서 19세기 초에는 인구 950,000명, 면적 24.3㎢까지 늘어난다. 이 정도 규모면 보행으로 도시 내부의 어디든 1시간 이내에 통행하기는 어렵지만 외곽에서 중심부까지는 충분히 통행이 가능하다. 동양에서는 8세기경 중국 장안의 도시인구가 약 1,000,000명에 이르렀는데 도시의 간선축인 동서와 남북의 도로 길이가 각각 10km와 8km 수준이었다. 이 경우 역시

---

[4] W.L. Garrison, J.D. Ward, Tomorrow's transportation: Changing Cities, Economies, and Lives, Artech House Inc., 2000.
[5] W.L. Garrison, J.D. Ward, Tomorrow's transportation: Changing Cities, Economies, and Lives, Artech House Inc., 2000.

도시외곽에서 도시 중심부까지 대체로 1시간 내외로 통행할 수 있는 수준으로 볼 수 있다.

⟨표 1-1⟩ 주요 도시의 인구 및 면적

도시	시기	인구(명)	면적(km²)
아테네	BC 5세기	100,000	약 3km²(도시성곽 6.5km)
로마	4세기	1,000,000	12km²
파리	14세기(1365)	275,000	4.3km²
런던	17세기(1680)	450,000	10.2km²
파리	19세기(1807)	580,000	16km²
런던	19세기(1801)	950,000	24.3km²
장안	8세기	1,000,000	동서 10km, 남북 8km

⟨출처⟩ DEMOGRAPHIA, www.demographia.com (검색, 2014.2.20)

20세기 초가 되어야 비로소 도시가 보행권역을 벗어나 넓어지게 된다. 주요 교통수단으로 말을 이용한 버스, 증기를 이용한 케이블카, 전기 트롤리 등이 개발되고 적용되었기 때문이다. 트롤리는 도시내 평균 통행속도를 시속 11km(7mph)로 높아지게 했다.[6] 이 때문에 도시의 크기는 보행중심의 도시보다 두 배 더 커질 수 있었다. 그러다 자동차가 보급되고 도로망이 확충되면서 교통의 속도는 트롤리보다 세 배 더 빠르게 되었다.

이는 도시의 규모를 종전보다 세 배 더 확대할 수 있음을 의미한다. 그리고 고속도로가 발전된 오늘날 도시는 중심부에서 30~50km 외곽까지 확장될 수 있게 된다.

---

6) W.L. Garrison, J.D. Ward, Tomorrow's transportation: Changing Cities, Economies, and Lives, Artech House Inc., 2000.

자동차의 보급과 걷기의 쇠퇴

미국의 경우 1920년대 매년 수 백만 대의 자동차가 팔려나가기 시작했다. 버스, 전차 등 기존 대중교통수단에 비해 빠르고 언제든 이용할 수 있는 자동차는 매우 매력적인 교통수단으로 인식되었기 때문이다. 아울러 소득의 증대, 대량생산에 따른 자동차 가격의 감소, 유류세를 활용한 도로의 확충은 자동차의 보급과 이용을 촉진시켰다.

하지만 자동차의 보급은 사람들의 일상생활에 큰 변화를 초래하였다. 무엇보다 자동차로 인한 교통사고가 급격히 증가하였다. 미국에서 제1차 세계대전 종전 이후 4년간 도로교통사고 사망자 수는 전쟁 중 프랑스에서 전사한 사람 수를 넘어섰다[6]. 대체로 교통사고 사망자는 보행자가 대부분이었다. 이 때문에 보행자는 도로에서 차를 피해 다녀야했다. 가령 어린이들은 도로에서 놀지 말아야 하며, 보행자는 도로를 횡단할 때 차를 각별히 주의하여 정해진 곳에서 횡단하도록 요구받기 시작했다. 그렇지 않으면 교양 없는 무단횡단자(jaywalker)로 치부되었다. 도로는 더 이상 보행자, 자전거를 위한 곳이 아니라 자동차만을 위한 공간으로 변모한 것이다. 자동차 중심의 도로가 확대되면서 사람들은 걷는 것보다 차를 이용하는 것을 편하게 인식하게 되었고 도시 자체가 자동차 친화적으로 바뀌어 갔다. 도로는 점점 넓어지고 주차장도 더 많이 제공되었다. 자동차 중심의 도시에서 걷기는 점점 더 어려워졌다. 그만큼 이웃과 소통할 수 있는 기회를 상실하게 되었다.

자동차 중심의 도시발전

자동차 중심의 도시는 외관상 도시의 밀도를 크게 낮추었다. 과거와 달리 도시 시설의 입지결정에서 공간적 거리 제약은 거의 없어지게 된 것이다. 자동차가 보급되면서 도시의 인구밀도는 보행자 중심의 도시보다 10분의 1 수준으로 떨어졌다. 예를 들어 도심은 중심상업지구로 변모하고 대신 주거기능은 지가가 낮은 교외로 이전하게 된다. 공장 등도 도시를 떠나 지방으로 이전해 가고 대신 규모를 더 키웠다. 그리고 사람들이 많이 사는 교외에는 넓은 주차장을 가진 대형 쇼핑몰이 들어섰다. <표 1-2>는 17세기 이후 2000년대까지 런던의 도시면적, 인구, 인구밀도의 변화를 보여주고 있다. 1800년대에 비해 2000년대에 들어서서 인구는 약 8배 늘어났고 면적은 60배 커졌으며, 밀도는 10분의 1 수준으로 떨어진 것을 확인할 수 있다.

<표 1-2> 런던의 도시면적, 인구, 인구밀도

연도	인구	면적(mile^2)	밀도
1680	450,000	4	112,500
1720	600,000	5.5	109,091
1770	700,000	7	100,000
1801	950,000	9.5	100,000
1821	1,350,000	15	90,000
1841	1,900,000	24	79,167
1901	5,000,000	110	45,455
1951	8,100,000	458	17,686
2001	8,279,000	627	13,203

자동차 중심의 도시발전은 일면 긍정적인 측면이 있다. 교통의 발전으로 도시 간 통행이 용이해지면서 시장이 더욱 확대되고 그만큼 생산성 향상이 이루어지는 등 경제 규모가 커지게 되었다. 물류 측면에서는 교통이 용이해지면서 재고물량을 많이 확보할 필요가 줄어들었고 그만큼 창고의 크기도 줄어들게 되었다. 생산자와 소비자가 바로 연결되는 직거래도 과거보다 활성화되었다. 그러나 자동차 중심의 도시발전은 더 많은 자동차 이용을 필요로 하였다. 도시 기능들이 너무 멀리 분산되었기 때문이다. 그리고 자동차를 더 많이 이용하면서 교통정체가 늘어났고 이를 해결하기 위해 도로는 더 늘어났다. 그럼에도 불구하고 정체는 좀처럼 개선되지 않았다.

요약하면 고대에서 근대에 이르기까지 가축, 수운을 제외하면 보행교통은 거의 유일한 교통수단이었으며 도시의 규모는 보행권역을 크게 넘어서지 않았다. 이는 200년 전까지 인류가 걷기에 기반해 공간을 인식하고 있었다는 의미이다. 하지만 자동차 중심의 도시가 개발되면서 도로의 주인은 차가 되고 인간은 소외되는 현상이 크게 늘어났다.

최근 자동차 대신 보행 중심의 도시개발을 강조하는 경향이 생겨나고 있다. 대중교통중심의 도시개발(Transit Oriented Development), 컴팩트 시티(Compact City) 등이 대표적이다. 이러한 경향은 교통과 도시의 발전 역사를 되돌아 볼 때 인류가 오랫동안 영유했던 보행자 중심의 자연스런 도시생활로 다시 회귀하고자 하는 본성의 표현으로 볼 수 있을 것이다.

1.3 보행의 의미

일상생활 속 보행의 의미

아마도 자동차가 보편화되기 전까지 사람들에게 걷는 것은 너무나 당연한 일이라 걷는 것에 특별한 의미를 부여할 필요가 없었다. 사람들은 걸어서 일하러 가고 물건을 사고 사람을 만나고 여가를 즐겼다. 말과 소와 같은 가축을 이용한 교통수단도 이용할 수 있었지만 이러한 수단은 귀족이나 군인 등 특별한 계층만이 이용할 수 있었다. 거의 모든 사람들이 일상생활을 위해 걸어 다닐 수밖에 없었다. 이러한 현상은 동서고금을 막론하고 자동차 등의 개인교통수단이 보편화되지 않은 곳에서는 어디서나 발견된다.

하지만 대도시에 살고 있는 현대인들에게 걷는 것은 특별한 일로 바뀐 것처럼 보인다. 우리나라만 하더라도 운동을 위해 걷거나 올레길, 등산, 하이킹 등 특정 자연경관을 즐기기 위해 걷는 사람들도 많아졌다. 도보여행 코스도 많이 개발되었다. 이는 걷기가 더 이상 일상생활 속 자연스런 행위가 아니라 특별히 선택적으로 이루어지는 행위가 되었음을 의미한다. 걷는 것이 지니는 이런 특별한 가치를 발견하고 이를 적극 활용한 사람들은 고대부터 근대에 이르기까지 계속 있어왔다.

역사 속의 보행[7]

인류 역사에서 걷기는 단순히 생존 혹은 생활을 위한 이동 수단을 넘어 사유(思惟) 즉 생각하는 능력의 함양에 영향을 끼친 것으로 보인다. 고대 그리스 철학자들 중 특히 아리스토텔레스를 중심으로 하는 소요학파는 걷는 것을 사유와 연결시켰다.

소요(逍遙)학파를 지칭하는 Peripatetics라는 말의 어원이 지붕이 덮인 회랑이라는 뜻을 지닌 peripatos에서 유래되었기 때문이다. 즉 소요학파라는 말은 희랑에서 걷는 철학자를 의미한다. 소요학파 사람들이 실제로 철학을 논하면서 걸었는지를 밝히는 것은 어려운 일이지만 이후 철학자들이 걷기를 철학적 사유의 도구로 활용한 것은 확실해 보인다. 소요학파 이후 스토아학파의 스토아(Stoa)라는 말 역시 그리스 건축물 중 지붕 있는 보도를 의미한다.

이후 서양의 철학자들 역시 걷기를 즐겼으며 이들이 걸었던 길을 기억하기 위한 지명도 남아있다. 헤겔이 걸었다는 하이델베르크의 필로소펜베크 Philosophenweg, 칸트가 매일같이 산책했던 쾨니히스베르크의 필로소펜담 Philosophendamm, 키에르케고르가 언급한 코펜하겐의 '철학자의 길'이 그런 예들이다.

걷기와 관련되어 철학자들이 남긴 말들은 걷기가 사유와 어떻게 연관되는지 이해하는데 도움이 된다. 프랑스의 철학가 루소는 「고백론」에서 "나는 걸을 때만 명상에 잠길 수 있다. 걸음을 멈추면 생각도 멈춘다. 나의 마음은 언제나 나의 다리와 함께 작동한다"고 말한 바 있다. 키에르케고르의 삶을 설명하는 그의 한 측근은 코펜하겐의 대로가 그의 응접실이었다고 말한다. 그만큼 코펜하겐 도시를 많이 걸었다는 의미이다. 걷기를 통해 사람들과 일상적 접촉을 나눌 수 있고 또한 명상이 가능했기 때문이다.

순례를 위한 걷기도 역사가 오래되었다. 스페인 북서부의 산티아고 데 콤포스텔라 (Santiago de Compostela)라는 도보 순례가 9세기 이후 지금까지 계속되고 있다. 메카를 향해가는 순례도 있고, 티베트로 가는 순례도 계속되고 있다. 대체로 이러한 도보 순례 여행은 분명한 목적지인 성지까지 먼 거리를 걸으면서 육체적 고통을 이겨내고 영혼의 치유를 받기 위해 이루어진다.

〈그림 1-1〉 산티아고 데 콤포스텔라 도보 순례 경로[7]

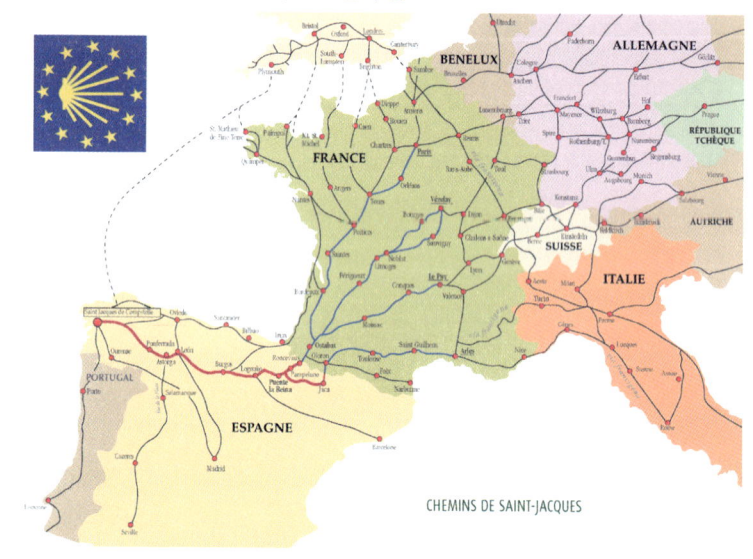

---

7) Manfred Zentgraf, Volkach, Germany. Licensed under CC BY-SA 3.0 via Wikimedia Commons

18세기 후반까지 유럽에서 도보 여행은 흔하지 않은 일이었으며 그다지 유쾌한 일도 아니었다. 길에 노상강도가 들끓었기 때문이다. 여유 있는 사람들은 말이나 마차를 이용했고, 걸어 다니는 사람은 당연히 거지나 강도로 인식되었을 정도다. 이 때문에 귀족이나 부자들은 집 안에서 걸었다. 가령 영국에서는 16세기부터 저택을 지을 때 갤러리를 만들어 날씨와 상관없이 실내에서 걸을 수 있는 공간을 만들었다. 이는 매일 걷는 것이 건강에 좋다는 인식에 기반한다.

  저택에서 갤러리가 실내의 공간이라면 이에 더해 외부에서 걸을 수 있는 정원이 같이 만들어졌다. 18세기까지 집을 벗어나 도시를 걷는 것이 그리 유쾌한 일이 아니었던 만큼 상류층의 부유한 사람들은 정원을 만들고 그 안에서 걸으며 묵상을 하거나 사적인 대화를 나누는 공간으로 활용하였다. 정원은 대체로 사적인 공간에 자연을 옮겨 놓은 공간으로 볼 수 있는데 초기에는 규모가 작았지만 시간이 흐르면서 부와 권력을 과시하기 위한 수단으로 변모되어 점차 대형화 되었다. 이후 도로를 걷는 것이 안전해지기 시작하면서 정원과 외부공간의 경계는 모호해지기 시작했다.

  근대에 와서 걷기는 일상생활을 위한 수단에 불과한 것이 아니라 미를 탐구하기 위한 가치 있는 도구라는 인식이 생겨난다. 18세기 말 워즈워스를 시작으로 낭만주의 예술인들이 걷기의 가치를 재발견한 것이다. 이들은 걷기를 뭔가 다른 것, 뭔가 새로운 것이라고 생각했다. 풍경 혹은 자연 속에 존재하는 즐거움을 위해서 걷는 여행자가 이

때부터 생겨났다. 사람들은 아무도 가보지 않은 곳으로 장거리 도보 여행을 떠났고 이를 토대로 방대한 분량의 문학 작품과 예술 작품을 만들었다. 이러한 경향은 미국의 자연주의 작가 소로 (Henry David Thoreau)에게 까지 이어진다. 걷기와 연관된 문학의 발전은 걷는 사람들만이 길에서 만나는 사물을 자세히 살필 수 있고, 길 위의 사람들과 직·간접적으로 어울릴 수 있기 때문인 것으로 보인다.

한편, 동양에서도 이와 같은 사례는 쉽게 찾아볼 수 있다. 걷는 일과는 일견 상관없을 것만 같은 조선시대의 문인들에게도 '걷기'는 특별한 체험이자 일상이었다. 도보로 산수를 유람하는 경우가 대표적이라고 할 수 있는데 자연물을 시각, 청각, 촉각 등 다방면으로 받아들이면서 이치를 깨닫기도 하고 유람 과정의 생각을 정리하는 시간으로 삼았다.

예컨대, 17세기의 학자인 고산 윤선도는 자연과의 미적 조우를 위해 매일 정원을 걸었다고 한다[8]. 다산 정약용 또한 18년 동안의 강진 유배생활에서 다산초당 주변을 자주 걸었던 것으로 알려져 있다. 그가 그토록 많은 책을 쓸 수 있었던 배경 가운데에서 백련사로 가는 산책로를 빼놓을 수 없다고 하는데, 그렇다면 조선시대 실학의 발전은 일정 부분 걷기에 빚을 졌다고 해도 과언이 아니다. 이렇듯 조선시대 학자에게도 걷기는 사유의 도구였다.[8]

---

8) Manfred Zentgraf, Volkach, Germany. Licensed under CC BY-SA 3.0 via Wikimedia Commons

걷기의 재발견

지나친 자동차 중심의 도시개발과 이용은 교통사고 등 여러 가지 교통문제를 유발하였다. 교통 혼잡으로 인한 사회적 비용이 천문학적으로 증가하고 대기오염, 소음 등 환경문제도 심각해졌다. 이런 문제는 자동차 이용을 줄이지 않고는 해결하기 어렵다.

이러한 인식하에 경제적 발전뿐만 아니라 환경과 사회적 형평성을 함께 고려하는 지속가능한 교통에 대한 관심이 높아졌다. 즉, 혼잡과 교통사고, 환경 문제 등을 유발하는 자동차 위주의 교통체계를 보행, 자전거, 대중교통 등 친환경적 교통체계로 바꾸어 가려는 노력이 각광받고 있다. 이 중 보행은 가장 기본적인 교통수단으로서 오랫동안 도시교통의 중심적 역할을 수행했다는 차원에서 재조명되고 있다. 이런 관점에서 보행교통의 활성화는 도시개발이나 토지이용계획 등과 연계시켜 고려되어야 한다. 아울러 보행 활성화는 대중교통 활성화와 연결된다는 차원에서도 그 중요성이 크다.

인류는 걷기를 통해 발전해 왔다. 걷기를 통해 도시와 인류문명 발전을 이룰 수 있었다. 인류는 걷지 않으면 건강한 삶을 유지하기도 어렵다. 풍요로운 삶을 만드는데 걷기는 미래에도 중요한 역할을 할 것이다.

참고문헌(Endnotes)

1. W.L. Garrison, J.D. Ward, Tomorrow's transportation: Changing Cities, Economies, and Lives, Artech House Inc., 2000.
2. 윤정섭, 도시계획사 개론, 문운당, 1987
3. Jeffrey M. Hurwit, Topograhpy of Athens, Oxford Bibliographies (검색, 2014.2.20)
4. DEMOGRAPHIA, www.demographia.com (검색, 2014.2.20)
5. DEMOGRAPHIA, www.demographia.com (검색, 2014.2.20)
6. Norton, P.D. Fighting Traffic: The dawn of the motor age in the American city, 2011.
7. 레베카 솔닛, 걷기의 역사, 김정아 옮김, 민음사, 2003
8. 성종상, 「조선 정원에서의 걷기 고찰 –산수간에 조영된 사대부 원림을 중심으로–」, 『한국전통조경학회지』, 2011.

제2장
보행교통의 특성

제2장 보행교통의 특성

2.1 보행통행 실태

보행교통의 중요성

보행은 중요한 도시 교통수단이다. <표2-1>은 우리나라 7대 대도시의 교통수단 분담률을 비교하고 있다.

보행을 이용한 통행(이하 보행통행)의 수단 분담률은 7대 대도시에서 대체로 20% 이상을 나타내고 있다. 서울에서는 보행통행이 승용차 통행과 거의 차이가 나지 않는다. 다른 도시에서도 승용차를 제외하면 가장 분담률이 높은 수단이다. 이는 전통적으로 도시교통정책이 승용차 혹은 대중교통에만 집중되어왔지만 그동안 간과되어온 보행교통에 대한 관심도 중요함을 의미한다.

<표2-1> 7대 대도시의 교통수단분담률(여객) (단위: %)

도시	보행	승용차	버스	철도/ 도시철도	택시	자전거	기타
서울특별시	23.4	34.7	20.0	8.4	7.0	1.8	4.8
부산광역시	19.6	20.0	25.7	21.9	7.3	1.7	3.9
대구광역시	22.9	30.0	23.6	10.7	8.6	0.9	3.3
인천광역시	25.6	36.5	15.0	7.1	8.3	2.5	5.0
광주광역시	21.8	35.1	22.0	8.0	6.4	1.5	5.2
대전광역시	23.8	45.6	18.7	1.3	7.8	1.1	1.6
울산광역시	24.3	43.6	18.4	3.0	6.5	1.7	2.5

<자료> 국가교통DB센터(2016), 『2016 국가교통통계-국내편』, p.130 <표 02-03-01> 재인용

수단 분담률에서 보행교통의 비중은 국가별로 상이하게 나타난다. ITF (2012)에 의하면 독일, 오스트리아, 스페인, 스위스 등에서 보행교통의 수단 분담률은 25%를 넘어서는 것으로 나타나고 있다.

이러한 경향은 차량보급대수가 늘어날수록 줄어드는 경향이 나타나는 것으로 보인다. 가령 미국의 보행 수단 분담률은 8.7%에 그치는 것으로 보고된다. <그림 2-1>은 OECD 주요국가의 보행 수단 분담률을 비교하고 있다.

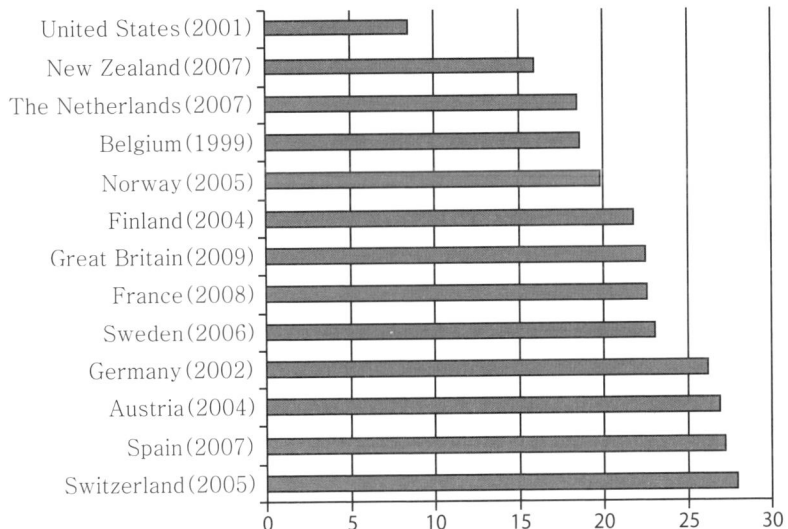

<그림 2-1> OECD 주요국가의 보행교통 수단분담률(단위: %)

<출처> ITF (2012) Pedestrian Safety, Urban Space and Health, OECD Publishing

보행목적

2015년 가구통행 실태조사 자료를 근거로 통행목적별 보행통행량을 살펴보면 가장 많은 보행통행은 귀가통행으로 나타났으나, 이는 모든 통행에서 목적이 되는 활동을 마친 후 이어지는 귀가통행을 포함한 것이기 때문에 큰 의미는 없다고 볼 수 있다. 이를 제외한 보행통행은 출근 (11.3%), 친교 (11.3%), 등교(11.1%)의 순으로 나타났다. 반면 업무통행의 비중은 1.5%로 상당히 낮다.

〈표 2-2〉 보행통행의 목적별 분포 (7대도시 평균) (단위:%)

통행목적	귀가	출근	등교	학원	업무	쇼핑	친교	기타
비율	45.7	11.3	11.1	3.8	1.5	7.1	11.3	8.3

〈자료〉 2015년 가구통행실태조사 자료 (국가교통DB센터 내부자료)

다른 나라에서도 보행의 업무통행 비중은 상대적으로 낮은 것으로 나타나고 있으나 통행목적별 비중은 국가나 도시에 따라 차이가 큰 것으로 보인다. 런던의 경우 보행의 통행목적 중 업무통행이 11%, 쇼핑이 38%, 통학이 23%, 여가가 23%인 것으로 나타났다.

〈표 2-3〉 보행교통의 통행목적 (런던) (단위:%)

통행목적	쇼핑 등	통학	여가	업무	기타
비율	38	23	23	11	5

〈자료〉 London Travel Report 2007, TfL.

보행시간 및 거리

7대 대도시의 보행통행시간은 <표 2-4>에 의하면 10~20분 사이가 56.2%로 가장 많은 비중을 차지하고 있다. 초당 1m를 걷는 것으로 가정하면 대략 600m~1,200m 수준이 가장 많다. 대체로 30분 이하의 통행이 전체의 91.8%로 거의 대부분의 보행통행은 30분 미만의 통행으로 나타난다. 이는 보행통행의 단거리 통행특성을 잘 대변한다고 볼 수 있다.

<표 2-4> 통행시간별 보행통행량 비율 (%)

구분	0~10분	10~20분	20~30분	30~40분	40~50분	50~60분	60분 이상
서울	18.9	58.5	16.1	4.7	0.8	0.2	0.7
부산	25.4	53.0	14.3	5.6	0.8	0.3	0.7
대구	15.0	48.9	19.6	12.0	1.9	0.7	2.0
인천	16.4	58.1	15.0	7.9	1.4	0.5	0.7
광주	22.7	54.5	15.8	5.3	1.1	0.2	0.3
대전	21.9	58.3	14.6	4.2	0.6	0.2	0.2
울산	15.5	52.1	20.6	8.9	1.1	0.6	1.1
평균	19.6	56.2	16.0	6.1	1.0	0.3	0.8

<자료> 2015년 가구통행실태조사 자료 (국가교통DB센터 내부자료)

서울시를 대상으로 보행 통행목적별 평균통행시간 및 거리를 정리하면 <표2-5>과 같이 정리된다. 가장 긴 시간동안 걷는 통행유형은 여가통행으로 평균 14.9분을 차지했다.

같은 맥락에서 여가통행이기 때문에 30분 이상 비중이 다른 목적통행 유형에 비해 높은 편이다. 귀사통행이 평균 10.2분으로 가장 짧은 시간동안 걷는 것으로 조사되었다.

〈표 2-5〉 서울시 보행통행목적별 평균통행시간

통행목적		통행시간(분)							계	평균 통행시간 (분)
		0~10	10~20	20~30	30~40	40~50	50~60	60이상		
귀가	표본수		6,407	21,832	6,336	1,973	317	103	268	37,236	13.8
	(%)		17.2	58.6	17.0	5.3	0.9	0.3	0.7		
출근	표본수		1,977	5,735	1,862	452	77	17	44	10,164	13.4
	(%)		19.5	56.4	18.3	4.4	0.8	0.2	0.4		
등교	표본수		1,600	5,436	1,508	220	28	8	16	8,816	12.8
	(%)		18.1	61.7	17.1	2.5	0.3	0.1	0.2		
학원	표본수		637	2,072	398	85	6	6	14	3,218	12.3
	(%)		19.8	64.4	12.4	2.6	0.2	0.2	0.4		
업무	표본수		84	151	64	14	1	0	0	314	12.6
	(%)		26.8	48.1	20.4	4.5	0.3	0.0	0.0		
귀사	표본수		434	525	58	18	9	0	5	1,049	10.2
	(%)		41.4	50.0	5.5	1.7	0.9	0.0	0.5		
쇼핑	표본수		1,068	3,385	749	167	14	4	14	5,401	12.4
	(%)		19.8	62.7	13.9	3.1	0.3	0.1	0.3		
여가	표본수		1,854	4,782	1,346	678	160	54	180	9,054	14.9
	(%)		20.5	52.8	14.9	7.5	1.8	0.6	2.0		
기타	표본수		1,464	4,050	902	250	40	10	31	6,747	12.7
	(%)		21.7	60.0	13.4	3.7	0.6	0.1	0.5		
합계	표본수		15,525	47,968	13,223	3,857	652	202	572	81,999	13.5
	(%)		18.9	58.5	16.1	4.7	0.8	0.2	0.7		

런던의 경우는 500m 미만의 통행 중 82%가 보행에 의해 이루어지고 있고 1~2km 통행의 경우도 20%가 보행에 의해 이루어지고 있다. 런던에서 조사된 교통수단별 통행거리와 수단 분담률은 〈그림 2-2〉와 같다.

<그림 2-2> 교통수단별 거리별 수단 분담률

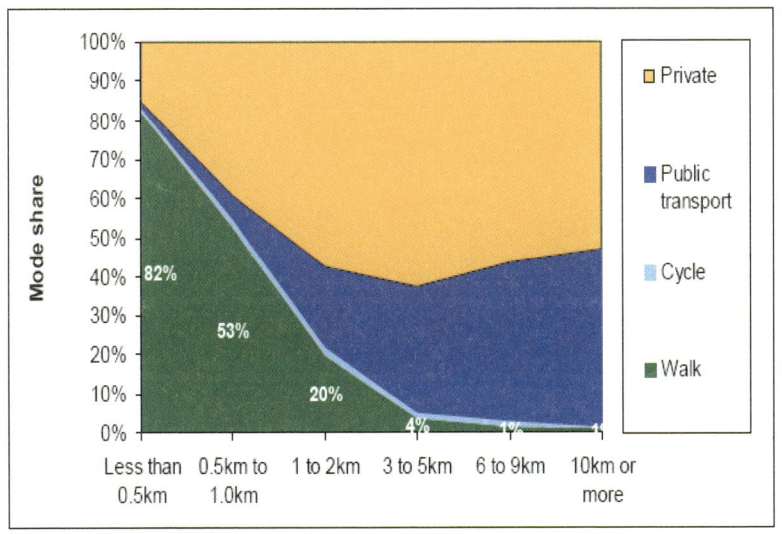

<출처> Walking in London, TfL, 2008. 5

접근교통

접근교통(access transport)이란 주요한 교통수단을 이용하기 위해 이동하는 교통행위를 의미한다. 가령, 지하철을 이용하기 위해 지하철역까지 이동하는 통행을 접근교통이라 할 수 있다. 한편 목적지 정류장에서 최종 목적지까지 이동하는 통행은 이탈교통(egress transport)이라 한다. 대중교통의 경우 접근교통과 이탈교통이 필수적으로 수반되며 버스, 지하철과 같은 도시 대중교통의 경우 대부분의 접근 및 이탈교통 수단은 보행, 자전거 등이다. 특히 주택가에 위치한 버스 정류장의 경우는 보행이 주된 접근교통수단이 된다.

2005년 노르웨이 국가통행조사에 의하면 주된 교통수단을 이용하기 위해 걸은 평균보행거리는 하루에 약 280m 정도로 조사되었다. 지하철이나 철도 등 대중교통을 이용할 경우 보행거리가 늘어나는 것으로 나타났다. <그림 2-3>에 의하면 차를 이용할 경우 보행거리는 70m 수준인 반면, 버스 이용시 460m로 늘어나고 철도 이용 시 760m까지 늘어난다.

<그림 2-3> 다른 교통수단을 이용하기 위해 걷는 평균거리 (m)

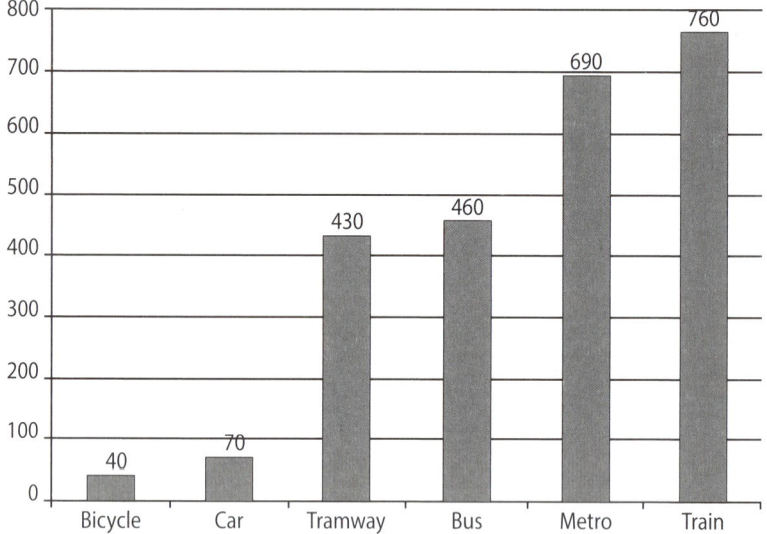

〈출처〉 Norwegian National Travel Survey (2005)[1]

2.2 보행자 시설 및 공간

보행자가 이용하는 시설에는 도로의 보도, 보차혼용도로, 보행자우선도로, 보행자전용도로, 계단, 램프(ramp), 건물 내부의 복도 혹은 회랑, 광장, 터미널 대합실과 같은 대기공간, 횡단보도 등 다양하다. 공원에 만들어지는 산책로도 보행자 공간으로 볼 수 있다. <표 2-6>은 도시부에서 보행이 가능한 도로의 유형을 정리한 것이다. <그림 2-4>는 보행자 시설 및 공간의 사례를 보여준다.

〈표 2-6〉 도시부 보행가능 도로의 유형

도로종류	개념	도로시설의 주대상	종류/사례
보차분리도로	차와 보행자가 같은 도로를 이용하나 서로의 공간을 엄격히 분리한 도로	사람 ≪ 차량	집분산도로, 간선도로 등 도시의 골격을 이루는 도로 (주택가 생활도로 등 국지도로에서도 일부 적용)
보차혼용도로	차와 보행자가 함께 이용하는 도로이나 보행자 보호시설이 빈약한 도로	사람 < 차량	대부분의 주택가 생활도로 (혹은 대부분의 국지도로)
보행자우선도로	보행자와 차가 함께 이용하나 보행자 중심으로 조성된 도로	사람 > 차량	보행자우선도로, Woonerf (네덜란드), 커뮤니티 도로(일본)
보행자전용도로	차량 등의 이용이 금지된 도로	사람 ≫ 차량	서울시 인사동길 (주말), 일산 신도시 등

〈그림 2-4〉 보행자 시설 및 공간[2]

2.3 보행과 감각

보행 동작

평지에서 걷기는 발을 디디는 단계(stance phase)와 발을 떼어 이동하는 단계(swing)로 구분되며 보통 디디는 단계와 이동하는 단계는 6:4의 비중을 갖는다. 이 두 가지 단계를 합쳐 보행주기(walking cycle)이라 부르기도 한다. 처음 뒤꿈치 닿기(heel strike)로 시작해서 발가락 떼는(toe-off) 순간까지를 디디는 단계로 보고, 발가락 떼기에서 다시 뒤꿈치 닿기가 시작하는 순간을 이동하는 단계로 본다. <그림 2-5>는 걷기 동작을 보여준다.

<그림 2-5> 걷기 동작 (stance and swing)[3]

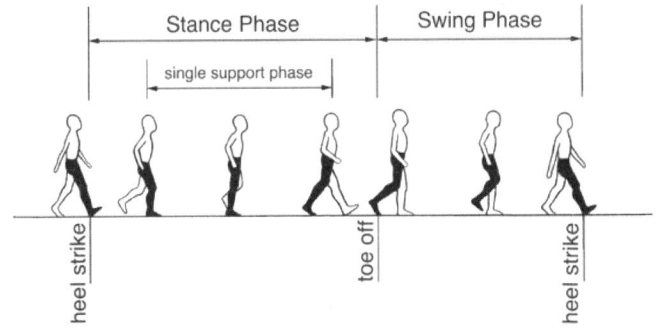

계단에서의 걷기 동작은 디디는 동작과 차오르는 동작으로 구분된다. 내려갈 때는 올라갈 때에 비해 에너지도 적게 들고 속도도 1/3 정

도 빠르지만, 몸의 중심을 잡기 위해 집중력이 더 필요하다. 평지에서 걸을 때는 시야의 각도가 60~70도 정도로 넓어 걸음의 넓이 즉 보폭이 넓고 감지영역도 넓다. 하지만 계단을 오르거나 내려갈 때는 평지보다 조심해야하기 때문에 눈의 시야도 좁아진다. 좀 더 자세하게 걸음을 살펴야하기 때문이다. 시야의 각도가 3~5도인 경우 자신의 걸음을 관찰할 수 있는 영역이 좁아지는 대신 매우 자세히 관찰할 수 있고, 12도 정도까지는 어느 정도 자세한 관찰이 가능한 수준이다.

<그림 2-6> 보폭과 감지영역[4]

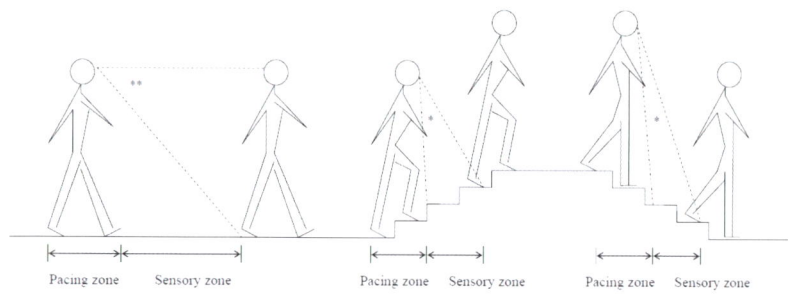

인체 타원

보행교통과 관련된 시설 계획 및 설계, 서비스 수준 및 용량 분석 등을 수행하기 위해서는 사람 몸의 두께와 어깨 폭에 대한 기본적 제원을 정할 필요가 있다.

가령, 에스컬레이터의 폭을 결정하려면 사람의 표준 어깨 폭 등을 알아야 한다. 한국인의 표준 어깨 폭은 39cm, 가슴 폭은 32.7cm로 나타난다. 그러나 보행관련 시설물 설계에서는 충분한 공간을 확보하기 위해 대체로 95 percentile에 해당하는 어깨 폭 39.9cm와 가슴 폭37.2cm를 기준으로 한다. 여기에 짐을 들고 있을 가능성, 다른 사람과의 충돌 등을 고려하여 좀 더 여유를 주는 편이 좋다. 미국 뉴욕의 지하철은 45×60cm (0.21㎡)의 인체타원을 기준으로 시설물을 설계했다[5].

〈그림 2-7〉 한국인의 표준 인체 타원 (body ellipse)

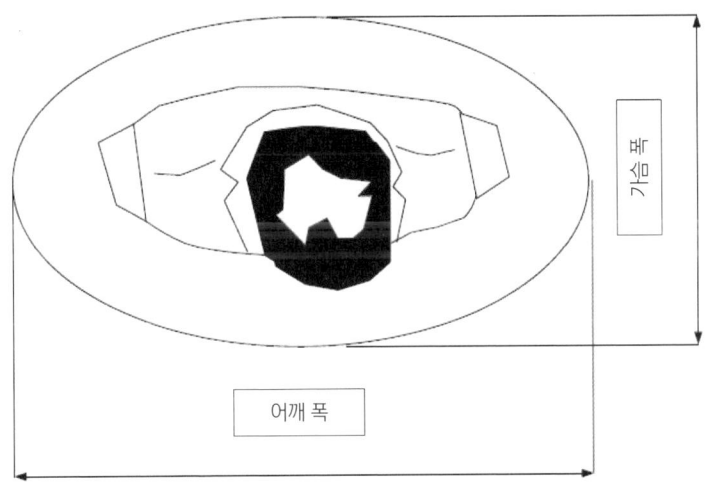

〈표 2-7〉한국인의 표준 어깨 폭과 가슴 폭[6]

	어깨 폭 (cm)	가슴 폭 (cm)
평균	39.0	32.7
90 percentile 기준	39.5	33.5
95 percentile 기준	39.9	37.2

완충공간

사람들은 다른 사람과 눈이 마주치거나 몸이 부딪치게 되면 대개 심리적으로 불안감을 느낀다. 이러한 불안감을 느끼지 않을 수 있는 공간적 거리를 완충공간(body buffer zone)이라 한다.

쾌적성을 기준으로 하면 완충공간은 $0.22 \sim 0.25 m^2$ 정도이다. 여성은 완충공간이 $0.4 m^2$ 정도이지만 남성이 주변에 있을 경우 $0.7 \sim 0.8 m^2$로 늘어난다고 한다. 타인의 머리부터 발끝까지 볼 수 있는 시야를 확보하기 위해서는 상대방으로부터 2m 정도 떨어질 필요가 있다. 이 거리는 정상적인 속도의 군집보행거리이며 앞사람의 발꿈치를 밟지 않고 보행할 수 있는 거리이다.

인지-반응시간

사람이 위험요소를 인지하고 반응하는데 걸리는 시간을 인지반응시간이라고 한다. 가령, 운전 중 시각적으로 위험요소를 발견하고 브레이크 페달을 밟을 때까지 소요되는 시간은 0.4~0.5초 정도이다. 이러한 인지반응시간은 에스컬레이터 등의 승차 소요시간을 결정할 때 중요한 정보가 된다.

2.4 보행자 행동특성

최단거리 선호

보행자는 돌아가기보다 직선으로 이동하기를 원한다. 이는 보행관련 시설이나 공공 공간을 계획하거나 설계할 때 걷는 사람이 우회하지 않도록 배려해야 함을 의미한다. 목적지가 시야에 보이는데 곧장 가지 못하고 돌아서 가야한다고 생각하는 순간 사람들은 불만을 갖게 된다. <그림 2-8>은 코펜하겐 광장의 보행자 궤적을 보여준다. 코펜하겐 광장은 가운데 썬큰(sunken)[9]이 자리하기 때문에 계단을 내려가고 올라가는 어려움이 있음에도 불구하고 대각선으로 광장을 가로지르는 경향이 나타났다. 자전거나 유모차를 이용하는 사람들만이 썬큰을 우회하여 진행하였다. 보행자들의 최단거리 선호 경향은 잔디가 심어진 공원에 자연스럽게 만들어진 보행자 통로의 흔적을 통해 쉽게 확인할 수 있다.

<그림 2-8> 최단경로를 선호하는 보행자 궤적[7]

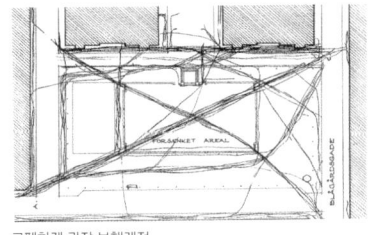 

코펜하겐 광장 보행궤적   자연적으로 만들어진 보행로

---

9) 평지보다 움푹 내려앉은 지하광장. 주로 계단이 설치된다.

하지만 최단경로가 항상 지켜지지 않을 수 있다. <그림 2-8>의 코펜하겐 광장에서 썬큰을 내려가고 올라오는 것이 크게 불편하지 않은 사람들은 썬큰을 우회하지 않았지만 이를 불편하게 느낀 사람들은 우회할 수 밖에 없었다. 이처럼 목적지까지 가는 최단 경로에 썬큰이 아니라 교통량이 많은 대로가 있고 경로 상에 횡단보도마저 없는 경우에도 횡단시설이 있는 곳까지 우회할 수밖에 없을 것이다.

최대 보행거리

걷는 일은 신체적 운동 활동이기 때문에 거리상의 한계가 있다. 사람들이 큰 불편을 느끼지 않고 걸어 다니는 거리는 400~500m가 한계치로 나타난다[8].

어린이와 노인, 장애인의 경우는 이 거리가 더 짧아진다. 하지만 최대보행거리는 통행목적에 따라 달라지는 경향이 있다. 가령, 통근, 쇼핑, 버스정류장까지의 보행거리는 짧은 경향이 있고 운동, 산책, 친교 활동을 위한 보행거리는 긴 경향이 있다[9]. 2002년 미국에서 시행된 보행관련 조사에서는 평균보행거리가 1.3마일(약 2km)로 나타났다. 이는 전국 단위 조사에서 운동, 산책, 친교활동을 위한 보행통행이 많이 포함되었기 때문인 것으로 추정된다. 한편, 접근교통에 대한 연구 결과에 따르면 대중교통을 이용하기 위해 걷는 거리는 1/4~1/2마일(400~800m) 정도로 제시된 바 있다[10]. 이 거리를 넘어서면 사람들은 차를 이용하거나 다른 교통수단을 이용한다고 볼 수 있다. 기종점 조사를 통해 뉴욕의 버스 터미널까지의 거리와 걸어온 사람의 비율을 정리하면 <그림 2-9>와 같이 정리된다. 사람들은 1000피트(0.3km)이내의 거리일 경우 모두 걸어서 터미널에 왔으며 1마일(1.6km) 정도의 거리에서는 50%의 사람들이 걸었다. 2마일(3.2km)이 최대보행거리인 것으로 나타났다.

<그림 2-9> 거리별 보행통행 비율

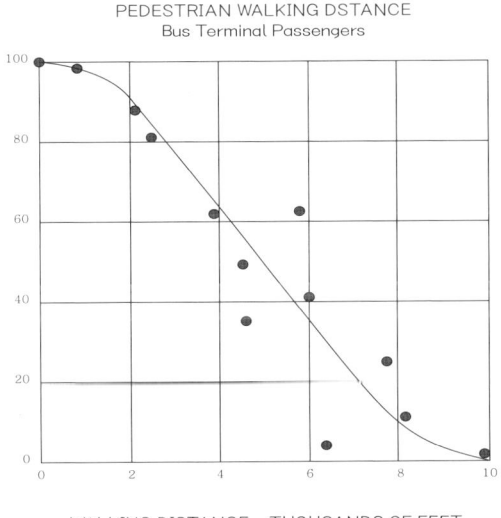

일상생활에서 보행자가 걸을 수 있는 한계거리에 대한 인식은 중요하다. 여러 시설물 배치의 기준이 되기 때문이다. 이런 년에서 반경 400m를 기준으로 생활권역을 한정하고 도시 활동을 연계할 필요가 있다. 가령 자동차의 출입이 원천적으로 제한되는 생활공간의 크기 설정 시 참고할 필요가 있다. 유럽에서는 주차장과 주거지와의 거리가 100~200m 이상 떨어진 단지를 개발하는 경우도 많이 나타나고 있다. 이러한 설계는 사람들 사이의 접촉을 더 많이 이끌어내고 그만큼 친밀감을 높이는데 도움이 된다.

변화와 단조로움

보행자는 같은 거리를 걸었지만 간선도로를 따라 곧게 뻗은 단조로운 길보다는 중세 유럽도시처럼 광장과 좁은 도로가 계속 반복되는 변화가 있는 도로를 걸었을 때 심리적으로 짧은 거리를 걸었다고 생각한다. 이런 가로(街路)에서 사람들은 훨씬 더 멀리 걸을 수 있다. 사람들은 실제로 얼마를 걸었는지 보다 한 광장에서 다음 광장으로의 움직임에 더 관심을 갖게 되기 때문이다[11]. 따라서 가로 설계 시 보행자가 도로와 주변에서 새로운 변화를 지속적으로 느낄 수 있도록 해야 한다. 샹젤리제 거리는 넓은 도로가 직선으로 뻗어 자칫 단조로울 수 있지만 마로니에 나무, 다양한 상점, 거리 공연 등이 있어 보행자들에게 변화와 자극을 준다.

〈그림 2-10〉 곧게 뻗은 길과 변화가 있는 좁은 길

수평이동 대 수직이동

사람들은 계단을 오르내리기보다 같은 평면 위에서의 이동을 더 좋아한다. 가령, 지하도나 육교보다는 횡단보도를 선호한다. 쇼핑센터

에서도 고층보다 1층이 항상 많은 사람들로 붐빈다. 사람들은 그만큼 수직이동을 좋아하지 않는다고 볼 수 있다. 썬큰 형식의 광장도 이러한 측면에서는 그리 보행자 친화적 시설로 보기 어렵다.

스웨덴 룬드(Lund)에서 버스에서 내린 뒤 쇼핑센터로 가기 위해 어떤 경로를 얼마나 이용하는지 조사하였다. 가능한 경로는 50미터를 우회하여 횡단보도 이용하기, 큰 대로 무단횡단하기, 계단이 있는 지하보도 이용하기 등 세 가지였다. 83% 사람들은 50미터를 우회하여 횡단보도를 이용하였다. 10%는 무단횡단을 하였으며 계단이 있는 지하보도를 이용한 사람은 7%에 그쳤다.

수직이동이 불가피하다면 사람들은 계단보다 경사로를 더 선호한다. 아마도 걷는 리듬에 크게 영향을 받지 않고 유모차나 휠체어도 쉽게 이용할 수 있기 때문인 것으로 보인다. <그림 2-11>은 사람들이 계단보다 경사로를 선호함을 잘 보여준다. 계단에 사람이 거의 없고 경사로를 이용하는 사람이 대부분이다. 또한 사람들은 육교보다 지하도를 선호하는 경향이 있다. 수직적 이동을 할 때 사람들은 처음부터 올라가는 것보다 내려가는 것을 더 선호하기 때문이다.

육교를 없애고 횡단보도를 늘리려는 시도는 이런 측면에서 보행자 친화적인 정책이다. 육교나 지하도는 차량의 소통이 보행자의 불편보다 우선한다는 인식에서 시작된 것이기 때문이다. 보행자 안전 측면에서는 횡단보도보다 육교가 낫다는 주장도 있으나 노인이나 휠체어 이용자들의 불편을 고려한다면 설득력이 떨어진다.

한편 교차로에 횡단보도를 설치할 때는 4방향 모두 설치하는 것이 바람직하다. 차량 소통을 목적으로 4방향 횡단보도 중에 3개만 설치되는 경우도 간혹 발견된다. 이렇게 되면 보행자의 우회거리가 늘어나고 신호대기시간도 늘어나는 불편이 있음을 이해할 필요가 있다.

〈그림 2-11〉 슬로베니아 질리나(Zilina)의 경사로와 계단[12]

가장자리 선호 (Edge Effect)

보행자들은 이동 중 잠시 멈추어 서거나 누군가를 기다리는 경우가 생긴다. 이렇게 사람들이 한 공간에 머무르게 되면 경계지대를 선호한다. 가령, 광장에서 멈추어 있는 사람들을 조사하면 대부분의 사람들이 광장중앙에 있기보다 광장과 건물이 만나는 경계부에 위치한다는 것이다. 이를 엣지 효과 (Edge Effect)라 부르는데 이러한 효과는 해변, 공원, 레스토랑 등 사람이 모이는 곳에서는 흔히 나타나는 현상이다. 우선 가장자리부터 채워지고 난 후 중앙 쪽의 자리가 선택된다. 가장자리 선호 효과는 보행과 바로 연관되지는 않지만 보행시설이나 환경을 설계할 때 이해하고 있어야 할 중요한 특징 중 하나이다. 〈그림 2-12〉은 이탈리아 도시의 광장에서 멈추어선 사람들의 위치를 보여준다. 주로 광장의 가장자리에 사람들이 분포하고 있음을 알 수 있다.

사람들이 가장자리를 선호하는 이유 중의 하나는 자신이 관찰되지 않으면서 주위를 관찰하기 좋기 때문이다. 이러한 경향에 대한 설명은 Hall(1966)의 '숨겨진 차원'(The Hidden Dimension)[13]이라는 책에 설명되고 있다. 광장에서는 가장자리에 인접한 건물이 제공하는 차양, 기둥, 건물 벽 등이 이러한 공간이 된다. 가장자리의 차양이나 콜로네이드(colonnade)는 햇볕이나 눈, 비로부터 사람을 보호하는 역할도 한다.

〈그림 2-12〉 가장자리에서 머무르기를 선호하는 사람들[14]

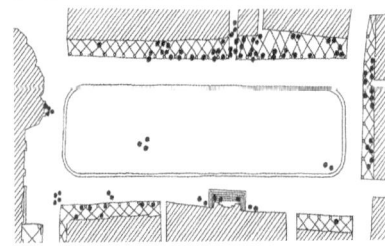 

광장의 사람 위치   건물 벽에 기대며 머무는 사람

차로부터 보호

사람들은 차로부터 안전한 공간을 선호한다. 보행자들은 걸을 때 차량을 큰 위협요소로 느낀다. 교통량이 많은 차량 중심의 도로가 사람들의 걷기 혹은 이웃과의 친교활동에 미치는 영향은 Appleyard와

Lintel (1972)[15]의 연구에서 잘 나타난다. 이들은 샌프란시스코에서 건물 층수, 건물용도 등이 유사한 주거지역에서 이웃한 집들끼리의 친교정도, 사람들이 머무르는 곳을 조사하고 이를 <그림 2-13>와 같이 표시하였다.

<그림 2-13> 교통량과 이웃간 접촉 및 활동 조사(Appleyard 와 Lintel)

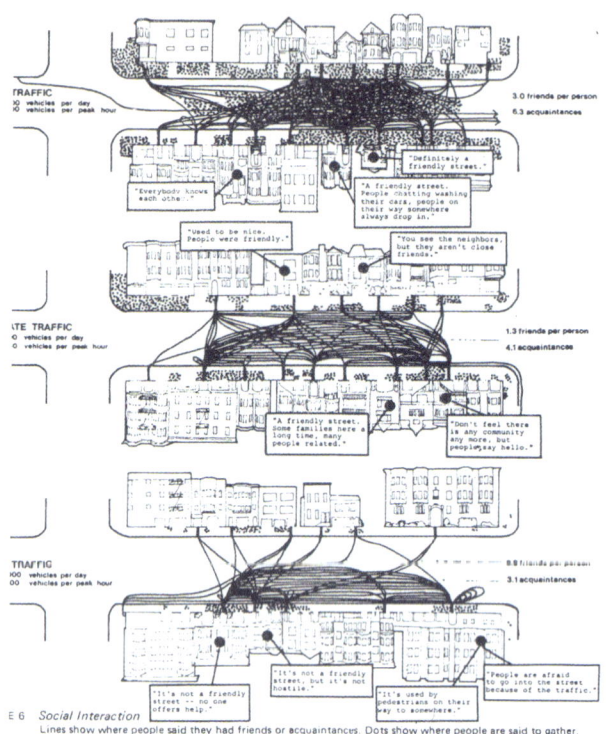

세 곳의 가장 큰 차이는 교통량이다. 교통량이 적은 곳은 2,000대/일 (첨두시 200대/시), 중간 정도인 곳은 8,000대/일 (첨두시 550대/시), 가장 많은 곳은 16,000대/일 (첨두시 1,900대/시)로 나타났다.

조사 결과 교통량이 적은 곳은 이웃끼리 알고 지내는 정도가 상당히 높았으며 사람들이 머무는 곳도 집 앞, 보도, 도로 위 등 다양하게 나타났고 어린이들도 길에서 많이 노는 것으로 나타났다.

그에 비해 교통량이 많은 곳은 이웃 간 아는 집도 적고 사람들이 머무는 곳도 자기 집 앞에 한정된 것을 알 수 있다. 교통량이 중간 정도인 곳에서는 이웃 간 아는 정도도 중간 정도였고 머무는 장소는 집 앞과 보도로 한정되었다. <그림 2-13>에서 실선은 이웃 간 알고 지내는 정도, 점은 사람들이 머무는 지점을 표시한다.

날씨로부터 보호

사람들은 비가 오든 눈이 오든, 춥든 덥든 자유롭게 이용할 수 있는 공간을 선호한다. 코펜하겐에서 1월부터 7월까지 보행자의 거리 활동을 조사한 결과, 겨울철에 비해 여름철 보행자의 수는 2배가 되며 길에 머무르는 사람의 수도 3배나 늘어난다. 겨울에는 없었던 거리 공연, 전시 등의 이벤트도 따뜻한 기간에 많이 늘어나는 것으로 조사되었다. 벤치에 앉아 있는 사람들은 기온이 10℃ 이상으로 올라가면 늘어나는 것으로 나타났다[16].

북유럽에서는 날씨로부터 사람들을 보호해 주는 공공 공간을 창출하기 위해 유리로 지붕을 덮는 보행자 공간을 많이 만들고 있다. 가령 스웨덴 에슬로의 갓사크라 (Gårdsåkra)는 주택단지를 조성하면서 집과 집 사이의 공간을 유리로 덮어 보행공간을 만들어 냈다. 이는 눈, 비를 피하는데도 도움이 되지만 무엇보다 강한 바람으로부터 보행자를 보호한다. 이에 비해 기후가 더운 곳에서는 차양 등을 설치해서 햇볕을 피할 수 있는 배려가 중요하다.

아울러 고층건물로 둘러싸인 도심에서는 열섬현상이나 강한 바람 등의 미기후(微氣候, micro climate) 현상이 발생하므로 이에 대한 고려도 필요하다.

〈그림 2-14〉 유리로 덮인 거리를 조성한 갓사크라 (Gårdsåkra)[17]

도시공간 지각

도시들 중에는 보행자들이 시각적으로 넓은 공간을 읽어내는데 비교적 쉬운 도시가 있고 방향감을 잃어 제대로 목적지를 찾아가기 어려운 도시들이 있다. 가령, 파리에서는 에펠탑이나 센 강을 기준으로 방향을 잘 잡을 수 있는 반면 맨해튼에서는 높은 고층빌딩 숲에서 방향감을 잃어버리기 쉽다.

케빈 린치 Kevin Lynch는 사람들이 도시공간을 지각하는 주요 구성요소들을 경로(paths), 결절점(nodes), 랜드마크(landmarks), 경계(edges), 구역(district) 등 5가지로 정리한 바 있다[18].

경로는 도로처럼 결절점과 결절점을 연결하는 선을 의미한다. 다른 구성요소들은 모두 경로를 따라 배치되므로 경로는 공간을 이해하는데 가장 중요한 시각적 정보가 된다. 도로를 걸으며 사람들은 도시 공간을 시각적으로 이해할 뿐만 아니라 도시의 색채, 질감, 빛, 냄새 등을 느낀다.

결절점은 도시의 주요지점으로서 경로와 경로가 만나는 교차로, 광장, 대중교통 정류소 등이 해당된다. 랜드마크는 사람들이 공간에 대한 방향감을 지속시킬 수 있도록 도와주는 주요 시설물 혹은 지점을 의미한다. 경계는 선적으로 구역(district)을 나누는 자연적 혹은 인공적 시설을 의미한다. 자연적 경계는 강, 호수 등이 있고 인공적 시설은 넓은 도로, 철도 등이 해당된다. 구역은 공통적인 성격을 갖는 면적인 공간을 의미한다. 따라서 보행자들이 방향감을 잃지 않고 도시를 이해할 수 있게 하려면 도시계획 및 설계단계에서부터 경로, 결절점, 랜드마크, 경계, 구역에 대한 세심한 배려가 필요하다.

보행경로선택

보행경로선택에 가장 많은 영향을 미치는 요소는 최단경로 인지의 여부이다. 이러한 경향은 여러 연구에서 확인된다.

Senevirantne 외(1985)[19]의 연구에서는 캐나다 캘거리 시의 보행자 2,685명을 대상으로 조사한 결과 72.4%가 최단경로를 따라 이동하는 것으로 나타났다. 이 밖에도 보행자의 경로선택에 큰 영향을 미치는 요소로 경로의 매력도, 횡단보도의 수, 복잡한 정도, 날씨로부터 보호정도, 소음, 안전도 등이 제시되었다.

Verlander와 Heydecker(1997)[20]의 연구에서는 영국 도시의 표본조사결과 75%의 사람들이 최단경로를 이용한 것으로 나타났다. 최단경로 이외에도 보행경로선택에 영향을 미치는 요소는 여러 가지가 있다. Guo(2009)[21]의 연구에서는 소매상점, 오픈 스페이스, 보도 폭, 횡단보도, 지형 등을 보행자의 경로선택 요소로 제시한다. 한편 Guo 외 (2013)[22]의 연구에서는 뉴욕과 홍콩의 보행자 설문조사를 통해 경로선택의 요인이 도시마다 다를 수 있음을 보였다. 뉴욕에서는 보행경로 선택이 소매점 연접길이, 경로의 길이, 보도 폭, 오픈 스페이스의 순으로 영향 받은 것으로 나타난 반면 홍콩에서는 경로의 길이, 보도 폭, 소매점 연접길이의 순으로 분석되었다.

국내 연구 중에서는 이인성 외(1998)[23]가 일산 신도시 주엽역 주변의 보행자를 대상으로 설문조사를 실시하여 성별, 연령, 거주기간, 통행목적, 익숙도 등이 내적요인과 통행거리, 시간, 교통사고 위험, 횡단보도 수, 보도 폭, 포장상태, 계단 및 경사, 길 꺾임, 조명, 주변상가, 주변녹지, 경관 등 외적요인이 보행 만족도에 미치는 영향을 분석하였다. 그 결과 보행환경 만족도에 가장 큰 영향을 미치는 요소는 익숙도로 나타났으며 익숙도는 거리, 시간, 사고 등과 크게 연관되는 것으로 분석되었다. 외적요인 중에서는 조명, 횡단보도, 가로시설 등이 보행환경에 영향을 미치는 것으로 나타났다. 안은희 외(2004)[24]는 삼

성동 코엑스 몰을 대상으로 공간구문론(Space Syntax) 분석을 통해 보행활동은 통합도라는 공간구조특성보다 대형복합영화관과 같은 통행 유인요소에 영향을 받는 것으로 분석하였다. 이와 더불어 상업지역의 경우는 보행경로의 선택이 최단경로보다 밝은 곳, 개방적인 곳, 볼거리가 많은 곳 등 분위기에 더 큰 영향을 받을 수 있다고 제시하였다.

박소현 외(2008)[25]는 보행환경평가와 관련된 국내외 연구를 분석하여 우리나라의 주거지역 보행환경 평가에 활용할 수 있는 가로환경, 네트워크환경, 지역환경 등과 관련된 20여 가지의 지표를 추출하였다. 이 중 네트워크 환경과 관련하여 학교, 전철역, 버스 정류장, 식료품점 등까지의 거리가 제시되었다. 박소현 외(2009)[26]는 자연발생, 토지구획정리, 택지개발, 주택재개발 등 서로 다른 개발방식에 따라 조성된 주거지를 대상으로 보행만족도 조사를 실시하였다. 그 결과 주거지역에서 보행 만족도에 가장 큰 영향을 미치는 요소는 '깔끔', '조용', '아늑' 등 쾌적성의 요소가 가장 컸으며 그 다음으로 위험성(범죄 위험, 교통사고 등)과 복잡성(보행 네트워크 구조 등)으로 나타났다. 반면 '볼거리' 등 생동감과 관련된 요소가 영향력이 가장 적은 것으로 나타났다.

2.5 보행의 가치

건강 가치

보행은 교통뿐만 아니라 사람들의 건강을 유지하는데 도움이 되는 신체적 운동 수단으로도 중요하다. 2,400년 전 고대 그리스의 히포크라테스는 "사람에게 가장 좋은 약은 걷기다."라는 말을 남기기도 하였다.

보행은 심장질환, 고혈압, 당뇨, 비만의 위험을 낮추는데 효과적이다[10]. 조깅, 수영과 같은 유산소 운동 효과가 크기 때문이다. 뿐만 아니라 부신피질호르몬, 세로토닌과 같은 호르몬의 분비를 통해 긴장감을 완화하고 흥분을 가라앉히는 효과도 있다[11]. 이런 차원에서 우리나라를 포함한 많은 나라의 보건당국이 걷기를 장려한다.

일반적인 보행속도로 걸으면 1.6km(1마일)당 100칼로리를 소비할 수 있고 56km(35마일)를 걸으면 1파운드(0.45kg)의 체중감량이 가능하다[27]. 이런 차원에서 CDC(미국질병통제예방센터)에서는 적절한 건강을 유지하기 위해 주당 150분(2시간 30분)의 신체적 운동이 필요한데 10분 이상의 빠른 걷기도 좋은 방법이 된다고 발표하였다.[28]

여기서 주당 150분의 빠른 걷기는 평일 5일 동안 30분 정도 걷는 것으로 볼 수 있다. 이 정도 시간의 걷기는 출퇴근을 자동차가 아닌

---

10) http://www.startwalkingnow.org/whystart_benefits_walking.jsp [2015. 8.6)
11) 후타쓰기 고조 지음/나혜정 옮김, 걷는 습관이 나를 바꾼다. 2006. 위즈덤 하우스

대중교통을 이용할 경우 충분히 할 수 있다. 만약 거리가 충분하지 않다면 목적지보다 한 정거장 전에 내리는 식의 방법으로 걷는 거리를 확보할 수도 있다. 가까운 거리는 아예 걸어서 이동하는 것도 좋은 방법이다. 만약 차를 이용해야만 한다면 주차를 목적지에서 먼 곳에 하면 된다. CDC의 최근 조사 결과에 따르면 10명 중 6명이 교통, 여가, 휴식, 혹은 운동의 목적으로 걷기를 실천하고 있으며 이런 사람들이 2005년부터 2010년 사이 6% 증가한 것으로 나타났다.[29]

보행은 심장질환, 성인 당뇨, 우울증, 암 위험을 크게 줄일 수 있는 것으로 보고된다. Hamer와 Chida(2008)는 보행과 건강사이의 관련성을 연구한 18개 논문에 대한 메타분석에서 보행을 통해 심장질환 위험 31%, 사망위험 32%를 감소시킬 수 있으며 이러한 편익은 남녀 사이에 차이가 없다는 결론을 내렸다. 또한 이러한 예방효과를 얻기 위해서는 1주일에 8.8km 거리를 시속 3.2km의 속도로 걷는 정도면 충분하다고 제시한 바 있다.

1975년 핀란드 사람 중에서 16,000명의 같은 성을 지닌 쌍둥이를 대상으로 진행된 패널연구[30]에서는 운동하는 집단(한 달에 6번 30분 이상 빠른 속도로 걷는 수준의 운동 강도를 유지하는 집단), 가끔 운동하는 집단 (운동하는 집단보다 낮은 수준의 운동), 운동을 하지 않는 집단으로 나누어 20년 이후 집단 간 건강상태를 비교하였다. 그 결과 운동하는 집단은 평균보다 43%, 가끔 운동하는 집단은 29% 사망률이 낮은 것으로 분석되었다. 쌍둥이라 하더라도 정기적으로 운동하는 사람이 운동을 하지 않는 사람보다 사망 가능성이 56%나 낮은 것으로 나타났다.

이런 연구결과는 보행과 같은 신체운동이 사망 가능성을 상당히 낮출 수 있다는 것을 입증한다. 대체로 자동차 이용을 많이 하면 비만이 늘어나는 경향을 발견할 수 있다. Bell 외(2002)[31]의 연구에 따르면 중국에서 자동차를 소유한 가구가 그렇지 않은 가구에 비해 비만의 위험에 빠질 가능성이 80% 높은 것으로 나타났다. 이는 자동차 의존적인 생활이 국민 건강에 악영향을 끼칠 수 있음을 의미한다.

보행하기 좋은 환경 조성은 보행 활동을 늘리는데 도움이 된다. 쾌적하고 교통사고나 범죄 위험으로부터 안전한 보행환경이 제공된다면 차를 이용하기보다 걷기를 선택할 가능성이 높아진다. 주거지역에서는 걷기 좋은 길을 선정하고 적극적으로 차로부터 안전한 환경을 조성할 필요가 있다.

보행을 활성화하기 위해 주요 보행유발 시설을 주거지역에 가깝게 위치시키는 것도 좋은 방법이 될 수 있다. 미국의 2009년 국가가구통행조사[32]에 따르면 목적지가 1.6km 이하인 경우 여가 통행의 60%, 쇼핑 통행의 40%, 업무 통행의 35%, 통학 통행 46%가 보행을 선택하는 것으로 나타났다. 반면 목적지가 4.8~6.0km 수준인 경우 대체로 모든 목적통행의 보행수단 분담률이 1% 이하로 떨어진다. 이는 업무시설, 쇼핑시설, 체육 및 문화시설, 학교 등 주요 보행유발 시설의 위치가 주거지역에서 가까울수록 보행이 촉진될 수 있음을 의미한다.

걷기를 활성화하는 또 하나의 방법은 승용차보다 버스나 지하철과 같은 대중교통 이용을 장려하는 것이다. 대중교통을 이용하기 위해서는 가까운 정류장이나 역까지 걸어야하기 때문이다. 1km 미만의 짧은 거리는 자동차보다 아예 걸어서 이동하는 방법도 권장된다. 주차 문제에서 발생하는 혼잡을 생각하면 가까운 거리는 오히려 걷는 것이 차를 이용하는 것보다 빠른 경우도 있을 수 있다. 성현곤 외 (2008)[12]의 연구에서는 승용차를 이용하던 직장인들이 8주간 도보로 수단을 전환할 경우 혈압 감소, 대사량 증진, 기초체력 향상 효과가 뚜렷하게 나타났다. 같은 연구에서 1주일간 보행시간이 150분 늘어나면 1년 동안 외래진료 부담금 108.2천 원이 절감되는 효과가 나타난다고 추정하였다.

차량이용 감소에 따른 가치

보행이 차량 통행을 대체할 경우 자동차 이용이 줄어 교통혼잡 완화, 차량운행비용 감소, 배기가스와 소음 등 환경비용 절감, 주차비용 절감 등을 기대할 수 있다. 특히 최근 기후변화의 주요 원인으로 주목되는 온실가스를 줄이는 효과도 크다.

우리나라 대도시의 승용차 이용거리를 살펴보면 1km 미만의 단거리 통행 비중이 1~1.5%를 차지하는 것으로 나타난다. 〈표 2-8〉은 부산, 울산, 대구 등 대도시권의 통행거리별 승용차 통행량을 정리하고 있다. 만약 이러한 승용차 통행이 보행으로 전환된다면 상당한

---

12) 성현곤, 박지형, 김혜자 (2008) 녹색교통이 국민건강증진에 미치는 효과분석, 한국교통연구원

규모의 온실가스 배출량을 줄일 수 있을 것으로 보인다. 도로교통 부문에서 휘발유 사용으로 배출되는 온실가스는 25.8백만 톤[13] 이라는 점을 감안하면 보행의 장려를 통해 상당한 양의 온실가스 감축이 가능하다.

〈표 2-8〉 대도시권 통행거리별 승용차 통행량

구분	부산-울산광역권 주1)		대구광역권 주2)	
	통행량	비율(%)	통행량	비율(%)
1km 이하	266,933	1.5	180,123	1.0
1~2km	998,314	5.6	945,308	5.2
2~3km	2,158,614	12.0	1,977,294	10.9
3~4km	1,422,707	7.9	1,021,153	5.6
4~5km	1,546,705	8.6	1,028,623	5.7
5km 이상	13,130,081	73.0	12,976,001	71.6

주1) 존 내부통행량은 8,826,173 통행으로 전체 통행의 31.1%를 차지하나 반영하지 않음.
주2) 존 내부통행량은 9,417,917 통행으로 전체 통행의 34.2%를 차지하나 반영하지 않음.
〈참고〉 존 내부통행량은 1~2km 이내의 통행이 예상되므로 단거리 통행량이 상당히 높은 비중을 차지할 것으로 예상됨.
〈출처〉 한상진·장수은 (2009) 녹색성장 지원을 위한 보행교통의 사회적 가치 평가방안, 한국교통연구원

보행교통의 시간가치

보행 역시 업무, 통학, 쇼핑, 여가 등 통행 목적이 있다. 이런 차원에서 통행시간은 경제적 가치를 대변할 수 있다. 대체로 교통수단의 통행시간 가치는 업무통행인 경우의 가치가 비업무통행에 비해 매우 크므로 두 가지로 나누어 제시하고 실제 조사된 통행량의 업무통행

---

[13] 교통부문온실가스관리시스템 www.kotems.or.kr[2015.8.6]

과 비업무통행의 비중을 감안하여 해당 교통수단의 시간가치로 표현한다.

한상진·장수은(2009)은 국내·외 관련문헌들을 이용하여 업무통행의 시간가치는 18,626원, 비업무통행은 4,885원으로 정리하였다. 이를 보행교통의 업무통행과 비업무통행의 비율로 가중 평균하여 5,183원/인·시를 최종적인 보행교통의 시간가치로 제시하였다. 이는 보행통행 시간이 절약되면 이 정도의 경제적 편익이 발생함을 의미한다. 이 수치는 승용차통행의 평균 시간가치 10,844/원·시에 비해 50% 정도 낮다.

〈표 2-9〉 보행통행의 시간가치 산정

구분	업무통행	비업무통행
통행목적비율(%)[1]	2.17	97.83
시간가치(원)	18,626	4,885
시간가치(원/인·시)	404	4,779
평균시간가치(원/인·시)	5,183	

주 1) 통행목적비율은 권역 간 통행량 기준 가중평균값

보행의 사회적 가치 추정방법

한상진·장수은(2009)은 보행 활성화 정책의 효과를 정량적으로 계산하기 위해 통행시간 측면의 가치분석뿐만 아니라 차량운행비용 절감, 환경비용 절감, 교통사고비용 절감, 주차비용 절감, 신체건강

증진편익 분석방법을 구체적으로 제시하고 있다. <그림 2-10 >[14]은 보행교통의 사회적 가치를 정량적으로 추정하는 방법을 간단히 설명하고 있다.

<표 2-10> 보행의 사회적 가치 평가방안 종합

항목		내용
통행시간 절감편익		○ 보행통행의 시간가치 - 업무 18,626원/인·시 - 비업무 4,885원/인·시 - 평균 시간가치 5,183원/인·시 ○ 다른 교통수단의 시간가치는 기존의 예비타당성 조사 표준지침 활용
차량운행비용 절감편익		○ 기존의 예비타당성 조사 표준지침 활용 - 유류비, 엔진오일비, 타이어비, 유지정비비, 감가상각비 고려(운행속도 고려)
교통사고 감소편익		○ 기존의 예비타당성 조사 표준지침 혹은 관련 연구 활용 - 도로 종류별 사건 건 혹은 인당 사고비용 활용 - 철도유형별 인적 피해, 물적 피해 비용 활용
환경비용 절감편익		○ 기존의 예비타당성 조사 표준지침 활용 - 차종별, 속도별 대기오염물질 배출계수 및 비용 활용 - 속도, 교통량에 따른 소음도 예측식 활용
주차비용 절감편익		○ 운영비용 절감편익 - 1면당 평균운영비용 1,580,960원 ○ 주차공간 감소에 따른 기회비용 - 1면당 평균면적 13.25m^2, 단위면적당 주차장 용지비 활용 ○ 신규 주차장 미 확충에 따른 자원절감편익 - 주차 1면당 평균 건설비 29,000,000원 적용
신체건강 증진편익	결근감소	○ 연평균 결근일수(8일), 결근일수 감소율(6%) ○ 입무통행 시간가치 적용
	질병감소	○ 총보행통행거리에 사망률 감소율 0.173/1000인·km 적용

보행중심도시의 가치[15]

보행환경이 개선되면 사람들이 더 많이 걸을 수 있고 기존에 차량을 이용할 때와 비교해 절약된 교통비만큼 지역경제에 이바지한다고

---

14) 한상진, 장수은 (2009) 녹색성장 지원을 위한 보행교통의 사회적 가치 평가방안, 한국교통연구원

15) http://www.pedbikeinfo.org/data/factsheet_economic.cfm

볼 수 있다.

　미국의 보험회사 AAA의 2013년 조사에 의하면 승용차를 운영하는 데 드는 연간 평균비용이 10,374 달러 수준으로 나타났다. 이는 가구 소득의 19.5%를 차지할 만큼 적지 않다. 애틀란타에서 8년간 지속된 패널조사에 의하면 2인 가구가 걸을 수 있는 도시(walkable city)에서 살게 되면 연간 260갤런의 기름을 절약할 수 있다. 이는 연간 약 860 달러에 달하는 금액이다.

　보행은 부동산의 가치를 높이기도 한다. 부동산 위치별로 상점, 공원, 대중교통정류장 등 주요지점까지의 보행거리 등을 기준으로 보행점수(Walk Score)[16]를 산출해 보면 2009년 기준 보행점수가 1점 증가할 때마다 부동산 가치가 7백 달러에서 3천 달러까지 증가하는 것으로 나타났다. 보행점수가 평균 이상인 경우 프리미엄은 4천 달러에서 3만4천 달러에 이른다.

　미국에서 진행된 연구에 의하면 보행과 자전거에 대한 투자는 일자리 창출 효과 측면에서도 도로에 투자하는 것 보다 약 2배까지 좋은 것으로 나타났다. 도로에 1백만 달러를 투자할 경우 7개의 일자리가 창출되는 데 반해 보행과 자전거에 투자할 경우 11~14개의 일자리가 만들어졌다.

---

16) www.walkscore.com

2.6 보행과 안전

보행과 관련된 가장 큰 위험요소는 자동차이다. 차 때문에 교통사고를 당하면 보행자는 중상 혹은 사망에 이를 가능성이 높기 때문이다. 유럽연합[17]에 의하면 승용차의 속도가 시속 32km일 경우 보행자가 차에 치였을 때 사망 가능성은 5% 정도이고 시속 48km일 때 45%, 시속 64km 일 때 85%로 나타났다. 이를 그림으로 표현하면 <2-15>와 같다. 보행자 안전을 위해 차량의 제한속도를 낮추는 것이 중요함을 잘 보여준다.

이런 관점에서 유럽 대부분의 국가는 도시 내 디폴트 차량 제한속도를 시속 50km로 낮추었다. 또한 보행자 활동이 많은 주택가나 학교주변은 시속 30km로 낮춘다. 우리나라는 대부분의 도시에서 별도의 표시가 없는 한 시속 60km를 제한속도로 하고 있다. 보행자 안전을 위해 이를 낮추고 주택가를 대상으로 차량의 제한속도를 시속 30km로 낮추는 노력을 지속화할 필요가 있다.

---

[17] https://ec.europa.eu/transport/road_safety/specialist/knowledge/speed/speed_is_a_central_issue_in_road_safety/speed_and_the_injury_risk_for_different_speed_levels_en

〈그림 2-15〉 차량충돌 속도와 보행자 사망 가능성:

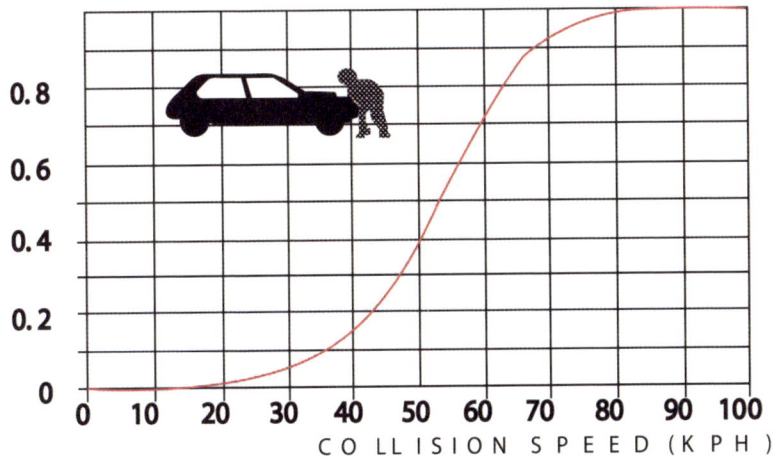

〈출처〉 Pasanen E. Driving speeds and pedestrian safety: a mathematical model. Helsinki University of Technology, Transport Engineering; 1992. Publication 77 (Finnish)

2016년 우리나라의 보행 중 교통사고 사망자수는 1,714명으로 전체 교통사고 사망자의 39.9%를 차지하고 있다. 이는 차량 탑승자의 교통사고 사망자수 비중 30.3%보다 높은 수준이다. 차량을 이용할 때보다 차 밖에서 걸을 때 사망 위험이 더 크다는 것을 보여준다.

〈표 2-11〉 교통사고 사망자 유형 (교통사고통계, 2016)

사고시 상태	차량 탑승 중	이륜차 승차	자전거 승차	보행중	기타	합계
사망자수 (명)	1,299	878	255	1,714	146	4,292
비중 (%)	30.3	20.5	5.9	39.9	3.4	100

보행자 사망사고는 주로 도로 횡단 중에 발생하는 것으로 나타난다. 전체 보행자 교통사고 사망자 1,714명 중 도로 횡단 사망자의

비중이 64.1%나 차지하고 있다. 이는 도로 횡단 중 사고 감소 방안 마련이 매우 중요함을 시사한다.

<표 2-12> 보행자 사망 사고 유형 (교통사고통계, 2016)

보행자 사고	마주보고 통행	등지고 통행	횡단보도 위	횡단보도 부근	육교 부근	기타 횡단중	길가장자리 통행	기타	합계
사망자수 (명)	57	77	389	99	7	603	56	426	1,714
비중 (%)	3.3	4.5	22.7	5.8	0.4	35.2	3.3	24.8	100

우리나라의 교통사고 사망자 사고의 57%는 폭 9m 미만의 좁은 도로에서 발생하는 것으로 나타난다. 9m 미만의 도로는 보도가 특별히 확보되지 않고 차선이 표시되지 않은 주택가 생활도로인 경우가 대부분이다. 보행자 안전을 담보하기 위해서는 주택가 생활도로의 더 많은 개선이 요구된다. 특히 주택가 생활도로에서는 불법주차 차량들 때문에 운전자와 보행자의 시야가 제한되어 발생하는 사고가 많다[18].

<표 2-13> 도로 폭원별 교통사고 사망자 수 (교통사고통계, 2016)

도로폭원	3m 미만	3m~6m	6m~9m	9m ~13m	13m ~20m	20m 이상	기타	합계
사망자수 (명)	380	1232	833	545	638	554	110	4,292
비중 (%)	8.9	28.7	19.4	12.7	14.8	12.9	2.6	100

---
18) 이지선, 설재훈, 정재훈 (2012) 차량용 블랙박스 자료 분석을 통한 보행자 교통사고 특성 분석 및 정책방안, 한국교통연구원

보행 교통사고는 특히 65세 이상 노인에게 가장 위험한 것으로 드러난다. 2016년 전체 노인인구 교통사고 사망자 1,732명 중 866명이 보행 중 사망한 것으로 50%의 비중을 나타낸다. 전체 교통사고 사망자 중 보행자 사고 비중 39.9%보다 10.1%나 높다. 이는 노인들의 주된 교통수단이 보행이기 때문이기도 하지만 노인들의 인지 반응시간이나 신체 활동력이 떨어져 도로 횡단에 취약하기 때문인 것으로 보인다.

걸을 때 경험하는 또 다른 위험은 치안과 관련된다. 늦은 밤 인적이 드문 곳을 걷는 사람은 심리적으로 불안을 느낀다. 서울시 설문조사 자료[19]에 의하면 시민들이 느끼는 도시위험도는 5.09점으로 2014년에 2010년 이후 최고치를 기록하였다. 여러 도시 위험 유형 중에서 특히 밤거리 위험이 자연재해나 건축물 사고에 대한 불안감보다 높게 조사되었다. 그만큼 밤길 걷기를 두려워하는 사람들이 많다는 의미이다. 이러한 위험은 가로등의 확대설치와 방범용 CCTV 설치를 통해 많이 완화할 수 있다.[20]

---

19) 2014년 서울시민의 삶의 질, 행복과 안전은?, 서울시 보도자료, 2015.5.19
20) 강석진, 박지은, 이경훈 (2009) 주민의식조사를 통한 주거지역 방범용 CCTV 효과성 분석, 대한건축학회논문집 계획계 제25권 제4호 pp. 235-244.

한 걸음 더

2.7 보행권의 이해

보행권(pedestrian privilege)

보행은 인간의 역사에서 가장 오래된 교통수단이다. 비록 자동차 의존적 사회화(motorization)가 심화되면서 보행이 도시교통계획에서 차지하는 비중은 갈수록 줄고 있지만, 어떤 교통수단을 이용하든 모든 통행은 보행으로 시작하여 보행으로 끝나며, 도시 지역내 근거리 이동의 상당 부분이 보행으로 이루어지고 있다는 점에서 교통수단으로서 보행이 갖는 의미는 지금도 결코 작지 않다. 그러나 자동차의 등장과 그 신속성, 안락성이라는 환상에 젖어 대부분의 도시에는 자동차 중심의 도시교통계획이 도입되어 왔고 그 결과 우리의 도시구조는 보행자에 대해 대단히 적대적으로 바뀌어 왔다.

이같은 자동차 의존적 사회화의 폐해를 먼저 경험했던 서구에서 '보행권(pedestrian privilege)'이라는 단어를 쓰기 시작한지 약 30년 가량 흘러 1993년 (사)녹색교통운동이라는 시민단체가 개최했던 '보행권 신장을 위한 도심지 시민 걷기 대회'가 '보행권'이라는 말을 우리나라에서 처음으로 공식화시켰던 행사였다. 그 후 여러 사람의 노력의 결실로서 1997년 1월 15일 서울시의회가 '서울특별시 보행권 및 보행환경 개선을 위한 기본 조례'(이하 서울시 보행조례)를 제정하게 되었고, 그 뒤를 이어 1999년도에는 제주시, 2000년도에는 부산·광주시, 2001년에는 수원시가 제정할 정도로 보행권이라는 개념은 점점 활성화되어 왔다.

　보행권 확보 방안을 논의하기 전에 반드시 집고 넘어가야 할 것은 보행권의 정의에 관한 문제이다. 현행 서울시 및 여타 도시의 보행조례에서는 보행권을 "보행자가 안전하고 쾌적하게 걸을 수 있는 권리"라고 대동소이하게 규정하고 있다. 우리의 보행조례에 나타나는 보행권은 언뜻 보면 전혀 문제가 없어 보이지만 전체조문을 놓고 볼 때는 우리의 보행권이라는 것은 글자 그대로 보행 또는 보행환경 자체만을 향상시키는데 초점이 맞추어 지고 있음을 알 수 있다. 그러나 "보행"이라는 교통수단이 갖는 이중성[21]을 고려할 때, 보행권을 타교통수단과 연계하여 보장해주는 동시에 보행이 왕성하게 일어나는 대중교통수단의 확충 및 서비스 증진이 병행되지 않는다면 보행권 회복이라는 것은 현실성을 상실한 미사여구에 그칠 수밖에 없다는 점을 간과해서는 안될 것이다. 반면 후술하는 바와 같이 선진각국의 경우는 보행권을 광범위한 교통권적 개념으로 정의하고 있어 우리보다는 훨씬 포괄적이고 적극적으로 보행권을 확보할 수 있는 방안을 제시하고 있다.

　예를 들어 서구적인 보행권 개념의 효시격이라 할 수 있는 뉴욕시의 시민연합과 브라이네스(1974)가 공동으로 만들었던 보행자 권리장전(bill of rights for pedestrians)의 내용에서 보행권은,

　① 최소한 보행을 적색교통수단과 동등한 권리 내지는 우선권을 갖는 수단으로 승격시키고,

---

[21] 보행의 이중성: 보행은 그 자체로서 하나의 독립된 교통수단으로 분류될 수 있지만, 많은 경우는 타교통수단과 연계하여 발생하는 종속적 교통수단일 수도 있다.

② 여타 녹색교통수단과 연계를 통해 보행권 회복을 도모하며,

③ 도시 기반 시설과의 연계를 통해 보행권 회복을 도모하는 종합적이고, 보행자 우선권적인 개념을 표출하고 있다.

1988년 유럽의회가 제정했던 유럽 보행자 권리헌장(European Charter of Pedestrian Right)에서도 보행권 확보를 위해,

① 자동차를 이용할 수 있는 권리에 우선한 보행의 권리를 인정하고 있으며(Ⅱ조),

② 노약자, 장애자들을 위한 교통체계, 대중교통의 정비를 도모하며,

③ 대기오염, 소음 등 적절한 환경기준과 자전거의 이용 증진을 중요시하고 있다.

특히 제 Ⅷ조를 제외하고 주어가 '보행자는'으로 되어 있으나 대중교통 이용자를 같은 뜻으로 취급하고 있다. 헌장의 성격으로 보아 법적 효력이 없기는 하나 각국, 각 지역의 교통정책의 지침서로 이용되고 있으며, 적어도 헌장이 국정 레벨에서의 합의사항인 점에 주목해야 될 것이다.

또한 1982년 12월 30일 프랑스정부는 '국내교통기본법'(Loi d'orientation des transports interieurs)을 공포했는데 이 법은 프랑스의 교통정책을 근본적으로 혁신하고 국내교통을 종합적으로 발전시키기 위한 기초로 법의 제 1-2조에 '교통권(droit au transport)'이라는 새로운 인권개념을 도입하고 국내 교통정책의 목표가 교통권의 점진적 실현에 있다는 것을 분명히 하고 있다. 이러한 교통권의 내용

으로서는 ① 모든 이용자가 이동할 수 있는 권리 ② 교통수단선택의 자유 ③ 재화의 수송을 스스로 하든지 또는 운수기관이나 기업에 위탁하든지 이용자가 선택할 권리 ④ 교통수단과 그 이용 방법에 관해서 이용자가 정보를 받을 수 있는 권리 네 가지를 들고 있다. 언뜻 보기에 여기에는 보행권이라는 내용은 나오지 않는 것처럼 보일 수 있으나 모든 이용자가 이동할 수 있는 권리와 교통수단선택의 자유와 정부는 이를 위해서 각 수단별로 균등한 경쟁상태 하에서 투자를 해야한다는 균등기초이론(equal footing system)을 규정하고 있어서 적색교통을 위한 도로 등의 과도한 투자에 비해 보행자나 대중교통을 위한 투자금액이 아주 미미한 것을 고려한다면 이것은 상대적으로 상당한 보행권의 보장을 천명하고 있다고 말할 수 있을 것이다.

한편, 일본의 경우에도 일본교통권학회가 1999년 제정한 교통권헌장에서도 우리가 논의하고 있는 '보행권'과 거의 흡사한 교통권의 확보를 주창하고 있다. 일본 교통권 헌장은 전문이 11개조로 이루어진 것으로 주로 적색교통에 대한 투자를 배격하고, 대중교통의 육성과 교통약자 및 보행시설에 대한 투자확대를 통해 인간중심의 도시만들기를 촉구하고 있는 것이 특징이라고 할 수 있다.

따라서 우리 나라의 경우도 보행권을 기존 보행시설의 개선이나 확충 정도에서 머무는 협의의 의미의 보행권 수준에서 머물 것이 아니라, 적극적으로 대중교통, 녹색교통수단의 시설 확충을 도모하며, 적색교통수단 이용의 억제를 통하여 보행권을 확보하는 방향으로 나아

가는 광의의 의미의 보행권 개념으로 확장해야 할 것이다.

보행환경을 위협하는 사회적 매카니즘

보행권 확보방안을 논의하기에 앞서 우리는 우선 보행환경을 위협하고 있는 전반적인 사회적 메카니즘에 대해 파악해봐야 한다. 보행환경은 <그림 2-16>에 나타내고 있는 것과 같이 크게 정부·지자체의 측면과 도로시설물 측면 및 자동차 교통문화의 측면에서 영향을 받고 있다.

<그림 2-16> 보행환경을 둘러싸고 있는 위협 메카니즘과 도시 황폐화와의 상관관계

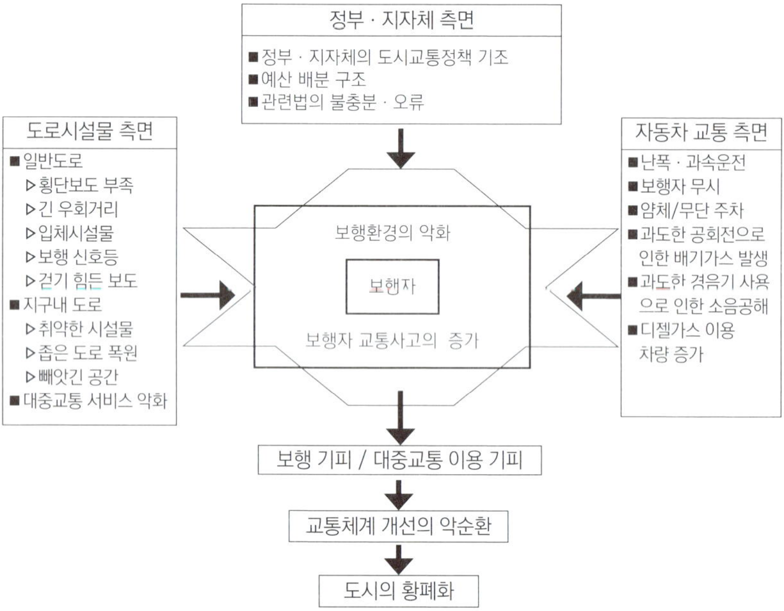

정부·지자체 측면
- 정부·지자체의 도시교통정책 기조
- 예산 배분 구조
- 관련법의 불충분·오류

도로시설물 측면
- 일반도로
  - ▷ 횡단보도 부족
  - ▷ 긴 우회거리
  - ▷ 입체시설물
  - ▷ 보행 신호등
  - ▷ 걷기 힘든 보도
- 지구내 도로
  - ▷ 취약한 시설물
  - ▷ 좁은 도로 폭원
  - ▷ 빼앗긴 공간
- 대중교통 서비스 악화

자동차 교통 측면
- 난폭·과속운전
- 보행자 무시
- 얌체/무단 주차
- 과도한 공회전으로 인한 배기가스 발생
- 과도한 경음기 사용으로 인한 소음공해
- 디젤가스 이용 차량 증가

보행환경의 악화 / 보행자 / 보행자 교통사고의 증가

↓

보행 기피 / 대중교통 이용 기피

↓

교통체계 개선의 악순환

↓

도시의 황폐화

먼저 상부구조로서 정부·지자체가 어떠한 기조의 도시교통정책을 전개하고 있는가에 따라 보행자(또는 자동차)가 우대 받을 수 있다. 또한 이러한 정책기조는 예산배분구조를 결정하게 되고, 관련 법조문은 보행자의 입장을 배려해주지 못하는 오류를 포함할 수도 있다.

두 번째는 도로시설물의 정비방법에 따라 보행자 우호적이거나 또는 적대적인 도시구조를 가질 수 있다. 예를 들면 자동차 우호적인 도시시설 정비는 자동차의 원활한 소통이 최우선적인 목표가 되어 일반도로에서 횡단보도 개수를 늘리는 것에 대해 부담을 느끼게 되고, 자동차는 평면으로 직접 통과시키고, 보행자는 육교나 지하도로 유도하는 보행자에 적대적인 도시시설 구조를 갖게 된다. 이같은 경향은 보행자가 당연히 주인이어야 할 이면도로(지구내 생활도로)에서 더욱 두드러져서 이면도로에서 보행자를 위한 도로시설물을 거의 찾아보기 힘들며, 보행자는 자동차를 피해 눈치를 보며 걸어야 하는 현상이 발생된다.

한편, 이렇게 자동차 우선적 도로구조를 갖고 있는 도시의 운전자들은 자신도 모르는 사이 자동차 운전대를 잡는 순간부터 난폭운전자로 돌변하여 보행자를 무시하기 일쑤이며, 과속, 난폭운전을 스스럼없이 하게 된다. 이러한 낮은 교통문화상태는 교통사고 확률을 높여주게 되고, 교통사고 발생건수중 상대적으로 높은 보행중 교통사고율을 기록하게 된다. 주차문화에 있어서도 자기 하나만 편하면 된다는 얌체주차문화가 성행하게 되어 보도 위 주차, 보행동선 끊기 주차 등을 아무렇지도 않게 하게 되어 보행자의 불편을 가중시킨다.

또한 이러한 도시들은 대부분의 예산을 승용차용 도로정비 및 확장에 투자하게 되므로 대중교통 서비스빌리티는 갈수록 악화되어 보행삼불(步行三不)[22]의 상태를 강화시킨다. 보행자는 이러한 제반 요소로부터 끊임없는 스트레스와 위협에 시달리면서 점차 보행과 대중교통 이용을 기피하게 되어 시민들은 기회만 있으면 자신도 자동차를 구입하여 이런 자존심 상하는 비천한(pedestrian) 상태로부터의 탈출을 시도하게 되며, 이것은 결국 대중교통 서비스 업체의 운영난을 초래하게 된다. 대중교통업체의 운영난은 다시 대중교통 서비스빌리티의 저하를 초래하게 되어, 결국 아무리 도로와 주차장을 증설하여도 교통체계는 개선되기보다는 만성 교통체증과 대기오염, 교통사고에 시달리게 되어 결국 도시의 황폐화 현상을 초래하게 될 것이다. 따라서 보행환경 개선안을 작성하기 위해서는 이러한 보행환경을 위협하는 사회적 메카니즘을 잘 파악한 상태에서 실태를 조사하고 개선방안을 도출하지 않으면 보행환경 개선 정책은 늘 단편적인 개선안 도출에 머무르고 말 것이다.

보행권 확보 방안

도시 보행환경 개선의 궁극적인 목표는 도시를 "걷고 싶은 도시, 걷는 게 오히려 편안하고 유익한 도시"로 만드는 것이다. 그에 대한 목

---

[22] "…많은 사람들이 … '걷고 싶지 않은 도시', '걸을 수 없는 도시'로 인식하고 있고, 때로는 걷는 게 불안(不安)하고, 불편(不便)하며, 불리(不利)한 도시라는 뜻으로 … '보행삼불(步行三不)'의 도시로 부르기도 한다."(정석, 서울시 보행환경 기본계획, 1998, p.4)

표로서 단기적으로는 보행자의 안전 및 편의를 증진시키는 것이며, 보행자 공간의 확대, 교통약자의 보행환경 개선 등으로 볼 수가 있다. 또한 중장기적으로는 소극적 의미의 보행환경 개선뿐만 아니라 교통정책의 패러다임 자체를 바꿔 녹색교통수단의 지속적 확충, 대중교통망의 확충, 불요불급한 승용차 이용의 억제 등이 열거될 수 있다. 이러한 목표를 달성하기 위한 추진원칙으로서는 <그림1>과 같은 메카니즘 속에서 보행환경 위협요소를 효과적이며 체계적으로 완화시키는 방안을 도출하는 것을 기본적인 추진방향으로 한다.

참고문헌(Endnotes)

1) ITF (2012), Pedestrian Safety, Urban Space and Health, OECD Publishing에서 재인용
2) 국토해양부, 보행우선구역 표준설계매뉴얼, 2008
3) Harrington, I.J., Symptoms in the opposite or uninjured leg, Discussion paper prepared for th eworkplce safety and insurance appeals tribunal.
4) Lee, Y.C., Pedestrian walking and choice behavior on stairways and escalators in public transport facilities, MSc thesis, Delft University of Technology, 2005
5) Fruin, J.J., Pedestrian planning and design, 1987
6) 국토해양부, 도로용량편람, 2013
7) 얀겔 지음, 김진우, 이성미, 한민정 옮김, 삶이 있는 도시디자인, Life Between Buildings, 푸른솔, 2008
8) 얀겔 지음, 김진우, 이성미, 한민정 옮김, 삶이 있는 도시디자인, Life Between Buildings, 푸른솔, 2008
9) Shriver, K. (1997). Influence of Environmental Design on Pedestrian Travel Behavior in Four Austin Neighborhoods. Transportation Research Record 1578. Retrieved from http://www.enhancements.org/download/trb/1578-09.PDF
10) Dittmar, H., and G. Ohland, eds. The New Transit Town: Best Practices in Transit-Oriented Development. 2004. Island Press. Washington, D.C. p. 120.
11) 얀겔 지음, 김진우, 이성미, 한민정 옮김, 삶이 있는 도시디자인, Life Between Buildings, 푸른솔, 2008
12) http://www.worldisround.com/photos/1/151/258.jpg [Archived on 2014.4.5.]
13) Hall, Edward T. (1966) The hidden dimension, Anchor books
14) 얀겔 지음, 김진우, 이성미, 한민정 옮김, 삶이 있는 도시디자인, Life Between Buildings, 푸른솔, 2008
15) Appleyard, D. and Lintell, M. (1972), the environmental quality of city streets: he residents' viewpoint, Journal of the American Institute of Planners.
16) 얀겔 지음, 김진우, 이성미, 한민정 옮김, 삶이 있는 도시디자인, Life Between Buildings, 푸른솔, 2008
17) www.ebo.se [Archived on 2014.4.8.]
18) Lynch, K., The image of the city, MIT Press
19) Senevirantne, P. N. and Morrall, J. F., "Analysis of Factors Affecting the Choice of Route of Pedestrians", Transportation Planning and Technology, Vol. 10, Issue 2, 1985, pp. 147-159.
20) Verlander, NQ, Heydecker, BG (1997) Pedestrian route choice: an empirical study. In: Proceedings of the PTRC European Transport Forum pp.39-49.
21) Guo, Z., "Does the Pedestrian Environment Affect the Utility of Walking? A Case of Path Choice in Downtown Boston", Transportation Research Part D: Transport and Environment, Vol. 14, Issue 5, 2009, pp. 343-352.
22) Guo, Z. and Loo, B. P. Y., "Pedestrian Environment and Route Choice: Evidence from New York City and Hong Kong", Journal of Transport Geography, Vol. 28, 2013, pp. 124-136.
23) 이인성·김현옥, "도시주거지 보행경로 선택행태에 관한 연구: GIS를 이용한 보행환경 만족도의 분석",「국토계획」제33권 제5호, 대한국토·도시계획학회, 1998, pp. 117-129.
24) 안은희·강석진·이경훈, "대규모 지하 상업공간에서의 보행자의 움직임과 경로선택 특성에 관한 연구",「대한건축학회논문집 계획계」제20권 제9호, 대한건축학회, 2004, pp. 21-29.
25) 박소현·최이명·서한림, "도시 주거지의 물리적 보행환경요소 지표화에 관한 연구",「대한건축학회논문집 계획계」제24권 제1호, 대한건축학회, 2008, pp. 161-172.
26) 박소현·최이명·서한림·김준형, "주거지 보행환경 인지가 생활권 보행만족도에 미치는 영향에 관한 연구",「대한건축학회논문집 계획계」제25권 제8호, 대한건축학회, 2009, pp. 253-261.
27) Fruin, J.J., Pedestrian planning and design, 1987
28) CDC, Vital signs, August 2012
29) CDC, Vital signs, August 2012
30) M. Hamer, Y. Chida, Walking and primary prevention: a meta-analysis of prospective cohort studies, BJSM vol. 42, pp 238-43, 2008.
31) Bell, A.C., Ge, K., and Barry, M.P. (2002) Obesity Research, 10(4), 2002
32) USDOT, Federal Highway Administration, 2009 national Household Travel Survey

제3장
보행교통 분석

제3장 보행교통 분석

보행자는 많은 경우 여러 사람과 섞여서 걷는다. 그러다 보면 다른 보행자의 영향을 받기 마련이다. 보행공간에서 여러 사람이 걷는 현상을 어떻게 측정하고 그 결과를 어떻게 해석하는지를 다루는 것이 보행교통 분석이다. 특히 보행교통류 이론, 보행서비스 수준 분석, 대기행렬 분석, 보행교통 수요예측 등에 대해 살펴본다.

보행교통류 이론은 사람들이 군집을 지어 걸어 다니는 행위를 보행속도, 보행밀도, 보행교통량 등 세 가지 변수로 설명한다. 이에 근거하여 보도, 계단, 횡단보도, 승강장 등이 얼마나 걷기 편한지를 평가한다. 서비스 수준이 높을수록 보행자들이 편하게 시설물을 이용할 수 있는 상태이고 낮을수록 이용하기 불편한 상태를 의미한다. 보행시설물의 적절한 규모를 산정할 때도 서비스 수준의 결정이 중요하다. 대기행렬 분석은 주로 엘리베이터 대기공간, 지하철 승강장 등 사람들이 특정 수단을 이용하기 위해 대기하는 공간의 크기를 산정하는데 사용된다. 마지막으로 보행교통 수요예측은 미래에 얼마나 많은 보행자들이 특정 가로구간을 이용할 지를 예측하는데 활용된다. 보행자 전용도로의 선정, 보도 폭, 횡단보도 폭 등을 결정하기 위해서는 보행량을 추정하는 것이 중요하다.

3.1 보행교통류 이론

분석대상

우리나라의 도로용량편람(2013)에서는 보행 서비스 수준(Level of Service) 분석의 대상을 보행자 도로, 계단, 대기공간, 횡단보도로 제시하고 있다. 이는 보행자만 사용할 수 있는 시설만을 대상으로 서비스 수준을 분석함을 의미한다. 한편 미국의 도로용량편람(HCM 2010)에서는 도시부 도로의 서비스 수준 분석을 기존의 차량 중심에서 벗어나 보행자, 자전거 이용자, 대중교통 이용자로 나누어 분석하는 다 수단(multimodal) 접근방법을 제시하고 있다. 이러한 접근 방법은 최근 도시부 도로를 모든 도로 이용자가 안전하게 이용하도록 하자는 완전도로(Complete Street)의 관점에서 중요하다. 가령, 차량의 서비스 수준을 높이게 되면 보행자나 자전거 이용자의 서비스 수준이 낮아질 수 있고 그 반대의 경우도 생길 수 있다. 이런 차원에서 다 수단 접근방법이 의미가 있지만 아직 범용적으로 활용되고 있지는 않다. 이 책에서는 우리나라의 도로용량편람(2013)에서 제시하는 보행서비스 분석방법을 중심으로 설명한다.

보행교통류 이론

보행교통류(pedestrian flow) 이론이란 교통공학에서 다루는 차량교통류 이론과 유사하게 보행자의 흐름을 밀도와 속도의 관계로 설명하는 것을 말한다. 보행교통류 이론에서는 보행교통량, 밀도, 속도의 정의를 아래와 같이 내린다.

· 보행교통량(pedestrian volume, P)이란 단위 시간당 어떤 지점을 통과한 보행자의 수를 의미하며 단위는 [인/분]이다. 이를 다시 단위 폭(1m)당 보행교통량으로 확장한 개념을 보행교통류율(pedestrian flow rate)이라고 하며 단위는 [인/분·m]가 된다. 보행교통량 혹은 보행교통류율은 보행교통시설의 규모를 산정하는데 중요한 지표가 된다.
· 보행속도(speed, S)는 대상 시설을 움직이는 보행자들의 평균속도를 의미하며 단위는 [m/분]이 된다.
· 보행밀도(density, 1/M)는 1m^2당 보행자의 수를 의미한다. 보행밀도의 역수는 보행자 1인이 점유할 수 있는 면적을 의미한다. 이를 보행점유공간(M)이라 한다.

보행교통량, 보행속도, 보행밀도의 관계는 유체역학의 기본식을 적용하여 <식3-1>과 같이 정리할 수 있다.

$$\text{보행교통율(인/분·m)} = \text{보행속도} \times \text{보행밀도} = \frac{\text{보행속도(m/분)}}{\text{보행점유공간(}m^2\text{/인)}} \quad \text{<식 3-1>}$$

즉, P = S/M

<식3-1>에 의하면 평균 보행속도가 75m/분이고 보행자 1인당 점유공간이 2.5m^2라고 할 때 폭 1m당 매분 30명의 보행자가 흐른다고 볼 수 있다. 이러한 30인/분·m의 보행교통류율이 만약 90cm의 통로를

지나는 경우에는 분당 27인 (=30[인/분 · m]×0.9[m])의 보행교통류율이 산출된다. 그리고 보행자 사이의 시간 간격(headway)은 2.2초(=60초/27인)가 된다.

프루인 Fruin (1971)은 보행교통류율, 속도, 점유공간의 관계를 실제 조사를 통해 입증하기 위해 뉴욕시 버스 터미널의 통로 폭을 3m(10ft), 2.3m(7.5ft), 1.8m(6ft)로 나누어 보행교통류율과 보행점유공간과의 관계를 조사하였다. 그 결과 단방향 보행교통류율은 보행점유 공간에 따라 〈식 3-2〉와 같은 관계가 나타났다. 이 관계를 그림으로 나타내면 〈그림 3-1〉과 같다. 이를 기반으로 보행교통류율, 보행속도, 보행점유공간의 특징을 정리한다.

$$P = \frac{281M - 752}{M^2} \quad \text{〈식 3-2〉}$$

보행교통류율

〈그림 3-1〉은 보행교통류율과 보행점유공간의 관계를 보여준다. 보행교통류율은 최소한의 보행점유공간이 확보되어 보행속도가 나타날 때 한 지점을 지나가는 보행자 수를 의미한다. 〈그림 3-1〉에서 최소한의 임계 보행점유공간은 0.25㎡/인[2.7(ft²)]이다. 즉 보행 흐름이 발생하는데 필요한 최소한의 공간 크기이다. 이후 보행점유공간이 커지면 보행교통류율은 증가한다. 그러나 보행점유공간이 일정 수준을 넘어서면 밀도가 낮아지고 그 영향으로 보행교통류율의 크기도 작

아진다. 이렇게 변화가 나타나는 지점에서의 보행교통류율을 최대보행교통류율로 볼 수 있다. <그림 3-1>에서 최대 보행교통류율은 약 87인/분·m[26.2인/분·ft]로 보인다23). 보행점유공간 약 0.46㎡/인[5ft²/인]에서 이루어진다. 보행점유공간이 보행교통류율에 미치는 영향은 약 2.3㎡/인[25ft²/인]까지는 크다가 그 이후로는 작아지는 것으로 보인다.

<그림 3-1> 보행교통류율과 보행점유공간과의 관계 (단방향 흐름 조사)

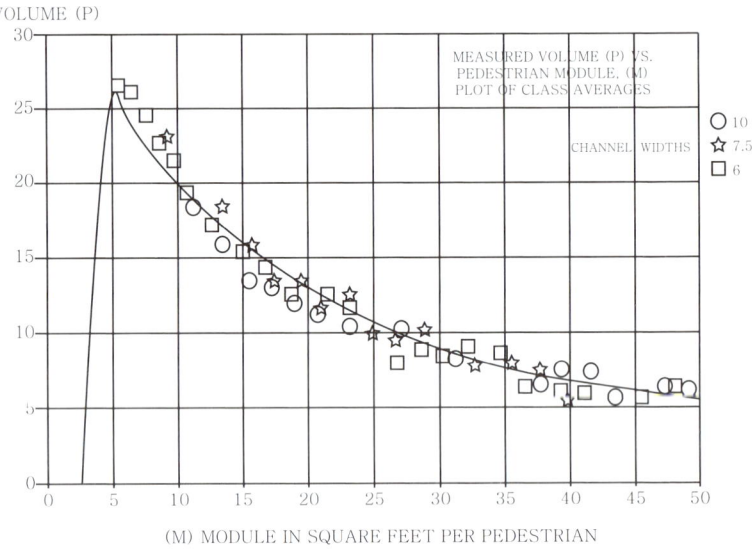

(x축 보행점유공간 [ft²/인], y축 보행교통류율 [인/분ft])

최대 보행교통류율은 한 방향으로 통행할 때와 비교해 반대 방향에서도 보행흐름이 있거나 쇼핑하는 사람처럼 여러 방향으로 움직이

23) 최대보행교통류율은 연구에 따라 다른데 런던조사에서는 27인/분ft, 시카고에서는 28인/분ft

는 보행자가 있을 경우 감소한다. 반대방향 보행교통류율이 전체 보행교통류율의 10%가 되면 용량이 14.5% 감소되나 이 흐름이 50%에 달하면 전체 보행교통류율은 한 방향 보행교통류율과 같은 용량을 얻는 것으로 나타났다. 이는 양 방향 보행량이 달라 불균형이 있을 경우 상호 마찰요인이 되지만 방향이 확실히 정해지는 경우는 마찰이 사라지기 때문인 것으로 보인다. 한편 보행자들이 지하도나 복도처럼 옆에 벽이 있을 경우 30~45cm 정도 떨어져 걷는 경향도 있다. 보행공간의 유효 폭을 산정할 때는 이런 영향을 고려할 필요가 있다.

최대 보행교통류율은 특수한 상황에서 더 증가할 수도 있다. 가령 군대의 행군은 보행점유공간이 $0.6m^2$/인($6ft^2$/인)인 상황에서 157인/분·m(48인/분·ft)이 되기도 한다. 독일의 실험에서는 보행자들이 좁은 통로에서 어깨에 손을 얹게 한 후 빠르게 이동하도록 한 결과 최대 262인/분·m(80인/분·ft)까지 나타났다. 이때의 보행 속도는 76m/분(250ft/분)에서 82m/분(270ft/분)으로 나타났으며 보행점유공간은 $0.3m^2$/인($3ft^2$/인) 이었다. 이는 비상시 많은 사람들을 대피시키기 위해서는 어깨에 손을 얹고 이동시키는 방법이 효과적임을 증명한다.

보행속도

일반적으로 보행속도는 조사마다 차이가 있지만 뉴욕에서 1,000명의 사람들을 대상으로 조사한 바에 의하면 남자들의 평균속도는 82m/분(270ft/분), 여자는 77m/분(254ft/분), 전체 평균은 81m/분

(265ft/분)으로 나타났다. <그림 3-2>는 뉴욕항만청 버스 터미널과 펜실베이니아 역에서 조사한 보행속도의 분포를 보여주고 있다. 평균은 뉴욕항만청 버스 터미널에서 78m/분(257ft/분)이고 펜실베이니아 역에서 83m/분(272ft/분)으로 나타났다. 이 조사에서 보행속도가 40m/분[24) [132ft/분] 이하인 경우는 거의 없고 110m/분 [360ft/분]이 최대 보행속도로 나타났다. 그 이상의 속도는 뛰는 것으로 분류할 수 있다.

<그림 3-2> 보행속도의 분포

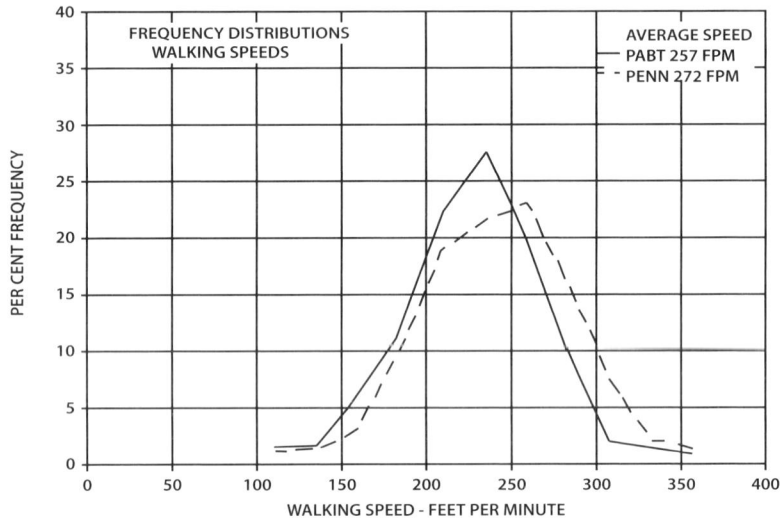

(뉴욕항만청 터미널, 실선: 펜실베니아 역사 점선, x축 보행속도 ft/분, y축 빈도비율)

---

24) 1 ft(피트) = 0.3048 미터, 편의상 그림은 Fruin의 원문대로 피트 단위를 그대로 두었고 내용 이해를 돕기 위해 본문에서는 미터와 피트를 병기하였다.

보행속도는 통행목적에 따라 달라진다. 가령 식사를 하러가는 사람들이 쇼핑이나 업무상 걷는 사람들보다 더 빨리 걷는 경향이 나타난다. 도로의 경사 혹은 짐을 가지고 있는지의 여부도 보행속도에 영향을 미친다. 대체로 5%의 경사까지는 보행속도에 큰 영향을 미치지 않지만 그 이상의 경우 보행속도가 감소한다. 짐을 가지고 있을 경우 11kg까지는 보행속도에 큰 영향을 미치지 않으나 그 이상에서는 영향이 커진다[1].

덴마크의 조사에 따르면 날씨가 보행속도에 영향을 미치는 것으로 나타난다. 같은 도로에서 영하 8도의 날씨에 보행자들은 평균 1.61m/초의 속도로 걸었고, 영상 20도의 날씨에서는 평균 1.17m/초의 속도로 걸었다. 추운 겨울에는 체온을 유지하기 위해 빠르게 걷는 것으로 보인다[2]. 성인을 대상으로 실험공간에서 진행한 국내조사 연구[3]에 따르면 자유보행속도는 0.98m/초에서 1.54m/초로 나타났으며 평균은 1.22m/초로 나타났다. 영화관에서 실제 보행군집을 대상으로 조사한 바에 따르면 자유보행속도는 0.6m/초에서 1.15m/초로 나타났다[4].

보행밀도

보행속도는 <그림 3-3>[5]에 보이는 것처럼 보행점유공간 혹은 밀도에 영향을 받는다. 보행밀도가 높아져 점유공간이 작아지면 원하는 속도를 내기 어려워진다. 1인당 1.86m^2[20ft^2] 이상의 공간이 유지될 경우 보행속도는 자유속도에 가깝게 나타나지만 밀도가 높아지면 속도가 낮아진다. 보행점유공간이 0.92㎡[10ft²]까지 떨어지면 보행속도는 한계인 61m/분 [200ft/분] 까지 떨어진다.

〈그림 3-3〉 속도와 보행점유공간의 관계 (단방향 흐름 조사)

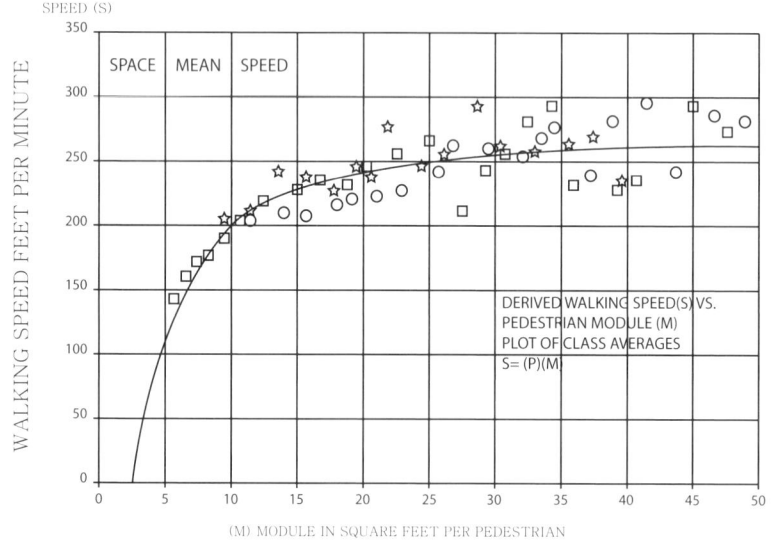

(x축 보행점유공간 [ft²/인], y축 보행속도 [ft/분])

최대 보행교통류율이 나타나는 보행점유공간 0.25㎡/인[2.7ft²/인] 수준에서는 쾌적한 보행이 어렵다. 발을 디딜 장소에 모든 신경을 집중해야하며 시야도 제한된다. 쾌적한 보행상태란 보행속도가 느린 사람을 추월할 수도 있고 반대방향에서 오는 사람을 피할 수 있는 여유 공간이 있음을 의미한다. 이처럼 다른 사람의 속도나 방향을 판단하고 적절한 행동을 취할 수 있는 보행점유공간은 2.3㎡(25ft²) 이상이어야 한다.

<그림 3-4>는 보행점유공간에 따른 보행자 사이의 간격을 보여준다. 보행자들은 점유공간이 커질수록 좌우간격보다 전후간격을 더 넓히는 경향이 있다. 1.9-2.3㎡/인 [20-25ft²/인] 수준에서 전후간격이 약 0.46m [1.5ft]일 때 좌우 간격은 약 0.91m [3ft]까지 확보하려고 한다. 반면에 전후 간격이 0.91m [3ft]일 때 좌우간격은 0.61m [2ft]만 확보한다.

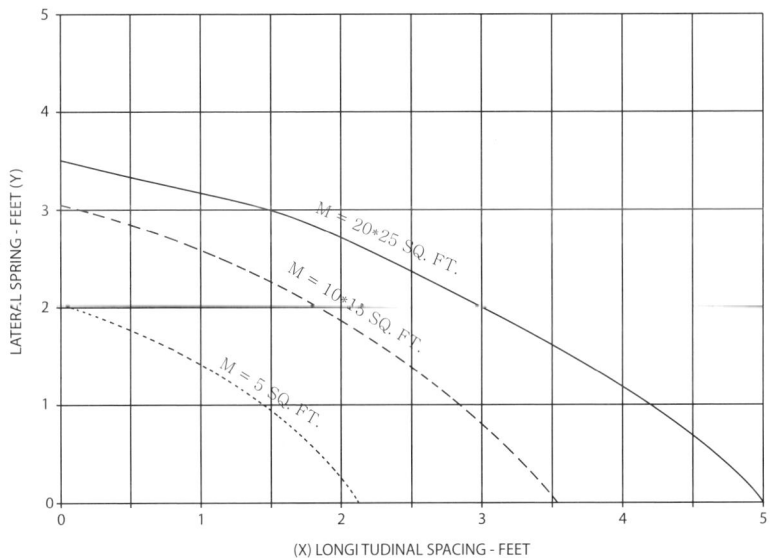

<그림 3-4> 교통흐름에서 보행자의 전후 및 좌우간격 관계

3.2 보행 서비스 수준

보행 서비스 수준의 대상

보행 서비스 수준(Level of Service)은 보행 관련 시설물이 이용자 관점에서 어느 정도 만족할 만한 운영 상태를 제공하는지 평가하기 위해 사용된다. 대체로 A~F까지 6단계로 나뉜다. 보행자들이 사용하는 시설물은 크게 보행로(보도, 보행자전용도로, 복도 등), 계단, 대기공간 (터미널 대합실, 엘리베이터 앞, 플랫폼 등)으로 나눌 수 있다. 보행 서비스 수준은 미국의 Fruin(1971, 1987)이 처음으로 제시했지만 추후 연구를 통해 도로용량편람(Highway Capacity Manual) 등에서는 분류기준에 다소 차이가 발생하였다. 이 책에서는 Fruin의 기준으로 설명한다.

보행로의 서비스 수준

보행로의 서비스 수준은 보행자들이 얼마나 자유롭게 속도를 선택할 수 있는지, 추월이 가능한지, 반대 방향 보행자들의 영향이 큰 지에 따라 결정되며 가장 중요한 효과척도로는 보행점유공간 [m^2/인]이 사용된다. 이를 보완하는 지표로 보행교통류율[인/m·분]이 사용되기도 한다. Fruin은 보행점유공간 $3.25m^2$/인 [$35ft^2$/인] 이상이면 보행서비스 수준이 가장 좋은 A라고 보았으며 이때 보행교통류율은 23인/분·m [7인/분·ft]이 된다. 보행로의 용량상태는 대략 보행점유공간 0.46m²/인 [5ft²/인]으로 보았으며 이때 보행교통류율은 83인/분·m [25인/분·ft]으로 제시하였다. 이보다 낮은 수준은 서비스 수준 F로 보았다. 대체로 서비스 수준 A는 공간적으로 여유 있는 설계가 필요한 광장 같은 곳에 적용될 수 있고 서비스 수준 E처럼 보행밀도가 높은 설계는 수요가 집중되는 시설인 축구장 통로, 기차역 등에서 적용된다. 대부분의 보행로 설계기준은 서비스 수준 C나 D에 맞추어진다. <표 3-1>은 보행로 서비스 수준의 분류기준과 보행흐름의 상태를 설명한다.

⟨표 3-1⟩ 보행로의 서비스 수준

서비스 수준	보행점유공간 [m²/인] ([ft²/인])	보행교통류율 [인/분·m] (인/분·ft)	상 태
LOS A	3.25 이상 (35 이상)	23 (7)	- 보행속도를 자유롭게 선정 - 추월 가능 - 적용대상: 광장, 정원
LOS B	2.3~3.3 (25~35)	23~33 (7~10)	- 정상적인 보행 속도 유지 - 추월은 어느 정도 가능하나 반대방향 혹은 교차하는 보행류와 충돌 가능성 - 적용대상: 면적제한이 덜한 터미널
LOS C	1.4~2.3 (15~25)	33~49 (10~15)	- 원하는 보행속도를 내기 어려움 - 자연스러운 추월 곤란 - 충돌을 피하기 위해 민첩한 행동 필요 - 적용대상: 첨두시 붐비는 터미널
LOS D	0.9~1.4 (10~15)	49~66 (15~20)	- 보행속도가 제한됨 - 추월이나 충돌 회피 어려움 - 적용대상: 혼잡한 거리
LOS E	0.5~0.9 (5~10)	66~83 (20~25)	- 일상적인 보행속도로 걷기 불가능 - 반대방향으로 걷거나 횡단하려면 상당한 불편 야기 - 최대보행교통류율(용량)에 도달 - 적용대상: 축구장, 첨두시 기차 플랫폼
LOS F	0.5 이하 (5이하)	-	- 보행속도가 극도로 낮아 떠밀리는 상황 - 흐름이 거의 마비된 상황

<그림 3-5>는 <표 3-1>에서 제시한 서비스 수준별 보행점유공간과 보행교통류율의 관계를 표시하고 있다. 용량상태의 보행교통류율은 대략 보행점유공간이 0.5㎡/인 [ft²/인] 수준에서 확인되고 있다. 서비스 수준의 범위는 대체로 보행교통류율이 16인/분·m[5인/분·ft]정도 줄어드는 보행점유공간의 크기를 기준으로 삼은 것으로 추정된다.

<그림 3-5> 보행로의 서비스 수준(A~F) 결정 기준

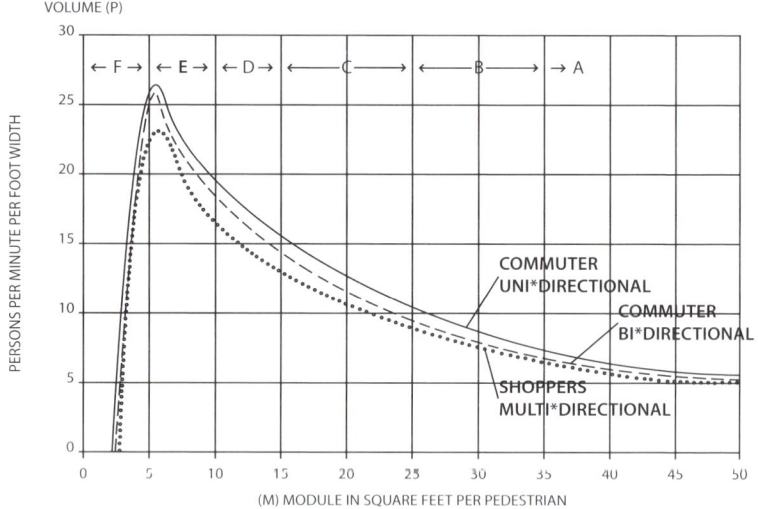

(x축 보행점유공간 ft²/인, y축 보행교통류율 인/분·ft, 실선:출·퇴근 단일방향 흐름, 일점쇄선:출·퇴근 양방향 흐름, 점선:쇼핑 다방향 흐름)

계단의 서비스 수준

계단의 서비스 수준은 보행로와 비교할 때 용량상태의 보행점유공간과 보행교통류율이 적게 나타난다. 일반적으로 계단을 올라가는 보행자는 속도가 낮고, 내려가는 보행자는 속도가 높게 나타나 용량에서도 차이가 난다. Fruin은 둘 중 올라가는 통행을 기준으로 계단의 용량을 산정하도록 제안하였다. 계단에서의 용량은 보행점유공간 측면에서 계단 두 개 정도의 전후 간격과 좌우로는 60cm[2ft]가 용량 상태가 된다. 보행점유공간으로는 0.37m²/인[4ft²/인] 정도다. 용량 상태에서의 보행교통류율은 56인/분·m[17인/ft·분]이다. 이에 비해 서비스 수준 A는 보행점유공간 1.9m²/인[20ft²/인], 보행교통류율 17인/분·m[5인/분·ft]을 기준으로 한다. 한편, 계단은 보행로에 비해 반대방향으로 진행하는 보행자의 영향을 훨씬 크게 받는다. 이 때문에 계단에서는 충분한 폭을 유지시키는 것이 중요하다.

⟨표 3-2⟩ 계단의 서비스 수준(Fruin)

서비스 수준	보행점유공간 [m²/인] ([ft²/인])	보행교통류율 [인/분·m] (인/분·ft)	상태
LOS A	1.9 이상 (20)	16.7 (5)	- 전후간격:5계단, 좌우간격:1.2m [4ft] - 추월 가능, 속도를 자유롭게 선정 - 어떤 방해도 없는 상태 - 적용대상:면적 제한 없는 공공건물
LOS B	1.4~1.9 (15~20)	16~23 (5~7)	- 전후간격:5계단, 좌우간격: 0.9~1.2m [3-4ft] - 추월 곤란, 속도 선택은 자유 - 반대방향 흐름에 영향 - 적용대상: 면적 제약이 크지 않은 터미널
LOS C	0.9~1.4 (10~15)	23~33 (7~10)	- 전후간격:4~5계단, 좌우간격:90cm [3ft] - 추월 곤란, 속도 제한 - 반대방향 흐름이 불편해지기 시작 - 적용대상:주기적인 첨두가 나타나고 면적에 제한을 받는 터미널
LOS D	0.7~0.9 (7~10)	33~43 (10~13)	- 전후간격: 3~4계단, 좌우간격:60~90cm - 추월은 대단히 곤란, 속도 제한 - 반대방향 흐름도 곤란 - 적용대상:첨두현상이 심한 터미널
LOS E	0.4~0.7 (4~7)	43~56 (13~17)	- 전후간격:2~4계단, 좌우간격:60cm - 전후간격에 여유가 없고 추월 불가능, 속도 저하 - 한순간 포화상태가 되면 멈추기도 함 - 적용대상:스포츠 경기장, 철도역
LOS F	0.4 이하 (4)	-	- 전후간격:1~2계단, 좌우간격:60cm - 때때로 보행 흐름이 정지하며 앞 사람이 움직여야만 움직일 수 있음

〈그림 3-6〉 계단의 서비스 수준

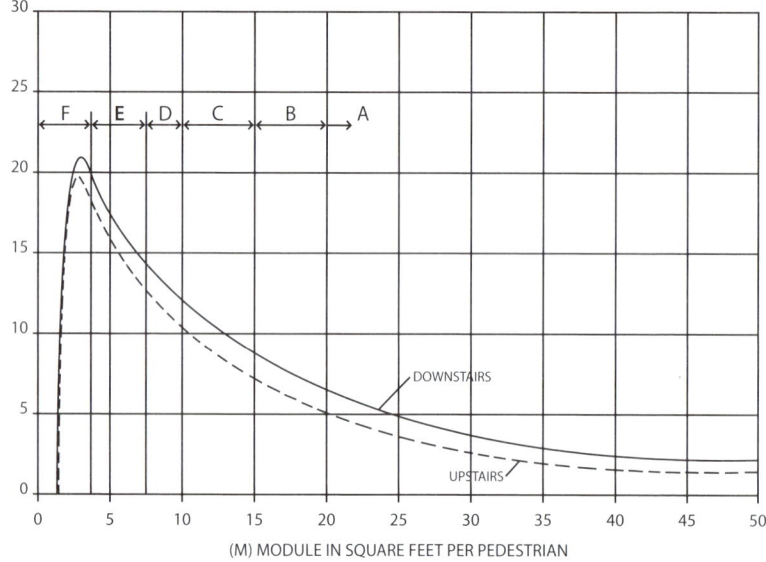

(x축 보행점유공간 ft²/인 , y축 보행교통류율 인/분 · ft, 실선:내리막, 일점쇄선:오르막)

대기공간의 서비스 수준

대체로 대기공간은 다른 보행시설을 이용하기 위해 필요하다. 계단, 횡단보도, 에스컬레이터, 엘리베이터 등에는 충분한 대기공간을 마련해야 한다. 대기공간의 서비스 수준은 사람들이 균일하게 분포한다고 가정할 때 인체타원(지름 0.6m)이 얼마나 가깝게 위치하는지에 따라 평가된다.

〈그림 3-7a〉 반지름 30cm (12 in)

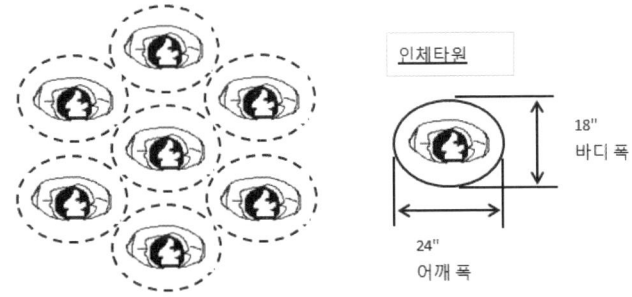

먼저 〈그림 3-7a〉처럼 사람들이 가깝게 붙어있는 경우 보행점유공간은 약 0.3㎡/인[3 ft^2/인] 정도가 된다. 이보다 적은 보행점유공간에서는 신체접촉이 불가피하다. 이런 상태는 사람들이 꽉 찬 엘리베이터에서 나타난다. 완전히 밀착한 상태에서의 보행점유공간은 0.2㎡/인[2 ft^2/인]이다. 〈그림 3-7b〉는 사람들과 90cm 정도 떨어져 있는 상태로 보행점유공간은 0.7㎡/인[7 ft^2/인] 정도가 된다. 이 정도 간격에서는 다른 사람과의 접촉을 피할 수 있다. 옆으로 서 있는 사람을 지나갈 수는 있지만 매우 제한적이다.

〈그림 3-7b〉 반지름 46cm (18 in)

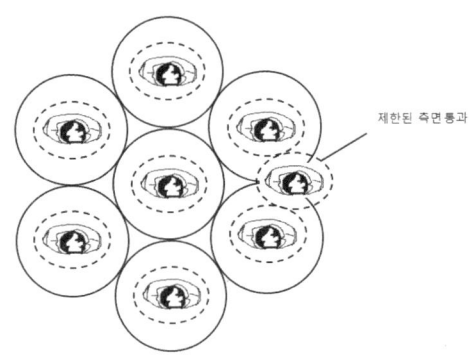

〈그림 3-7c〉는 사람들과 100cm 정도 떨어진 상태를 보여주며 보행점유공간은 0.9㎡/인[9ft²/인]에 해당된다. 이 정도 거리에서는 심리적으로 다른 사람과 떨어져 있어 편안한 느낌을 준다. 서 있는 사람 사이를 옆으로 통과할 수도 있다. 〈그림 3-7d〉는 120cm 정도 떨어진 상태를 보여주며 보행점유공간은 1.2㎡/인 [13ft²/인]에 해당된다. 이 경우에는 서 있는 사람에게 불편함을 주지 않고 자연스럽게 지나갈 수 있다.

〈그림 3-7c〉 반지름 53cm (21in)　　〈그림 3-7d〉 반지름 61cm (24in)

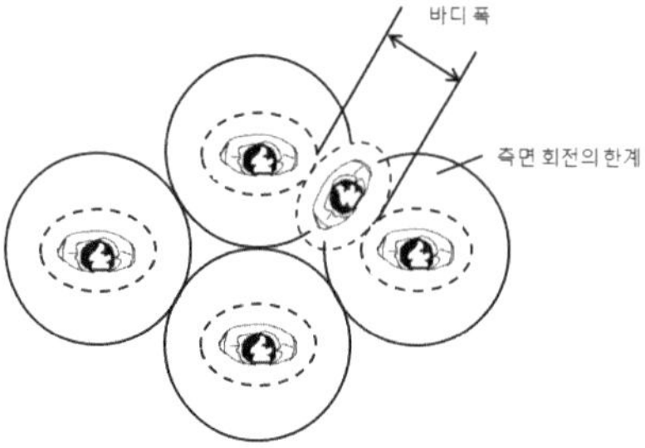

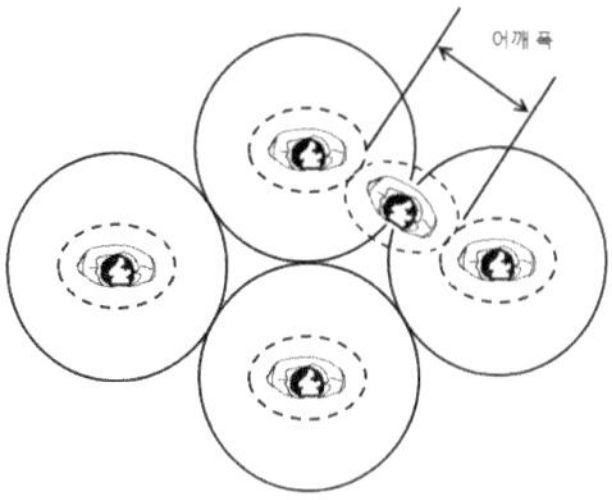

　Fruin은 대기공간의 보행점유공간과 평균간격을 기준으로 〈표 3-3〉처럼 서비스 수준을 제시하고 있다. 서비스 수준 A는 보행점유공간이 1.2㎡/인 [13ft²/인]이상이고 평균간격도 120cm 이상인 경우를 의미한다. 이러한 대기공간은 대형 건물 1층의 로비처럼 넓은 공간에서 발견된다. 서비스 수준 F는 보행점유공간이 0.2㎡/인 [2ft²/인]이하로 거의 붙어있는 상태를 의미한다. 대체로 기차역의 플랫폼은 서비스 수준 B 정도를 기준으로 설계가 이루어지고, 매표소나 엘리베이터 앞은 서비

스 수준 C, 에스컬레이터 입구나 횡단보도 입구는 서비스 수준 D, 엘리베이터 내부는 서비스 수준 E에 맞추어 설계가 이루어진다.

〈표 3-3〉 대기공간의 서비스 수준

서비스 수준	보행점유공간 [㎡/인] ([ft²/인])	평균간격 [cm] ([ft])	상태
LOS A	1.2이상 (13)	121cm 이상 (4)	- 서 있는 사람 사이를 자유롭게 이동 - 적용대상:대형건물 로비, 공항 짐찾는 곳
LOS B	0.9~1.2 (10~13)	106~121cm (3.5~4)	- 서 있는 사람 사이로 자연스럽지는 않지만 빠져나갈 수 있는 공간이 있는 상태 - 적용대상:철도역 플랫폼, 건물 로비
LOS C	0.7~0.9 (7~10)	91~106cm (3~3.5)	- 서서 기다리는 사람에게 영향을 주지 않고는 빠져나갈 수 없는 상태 - 서 있는 사람들은 심리적으로 편한 거리를 유지한 상태 - 적용대상:매표소, 엘리베이터 앞
LOS D	0.3~0.7 (3~7)	61~91cm (2~3)	- 서 있는 사람 사이를 빠져나가기 어려운 상태 - 서 있는 사람들끼리 접촉은 없는 상태 - 적용대상:에스컬레이터 입구, 횡단보도 대기공간
LOS E	0.2~0.3 (2~3)	61cm 이하 (2 이하)	- 서 있는 사람 사이를 빠져나가기 불가능 - 서서 기다리는 사람끼리 접촉 불가피 - 적용대상:엘리베이터 내부
LOS F	0.2 이하 (2이하)	밀착상태	- 사람들이 완전히 밀착한 상태 - 움직이는 것이 거의 불가능한 상태

3.3 대기행렬분석

보행자들은 걷다가 종종 대기해야 하는 상황이 발생한다. 횡단보도를 건너기 전에 보행신호를 기다리기 위해 대기할 수도 있고 엘리베이터 혹은 에스컬레이터에서도 대기할 수 있다. 이러한 대기현상을 수학적 모형으로 분석하는 방법론을 대기행렬이론이라 한다.

보행자 대기행렬이론에서는 보행자의 도착율과 보행시설이 제공하는 서비스율의 분포 및 평균을 기반으로 대기행렬길이 및 대기시간 등을 계산하게 된다. 평균 도착율은 μ, 평균 서비스율은 λ로 표기한다. 이러한 관계를 그래프로 표시하면 <그림 3-8>과 같다.

<그림 3-8> 보행자 대기행렬이론

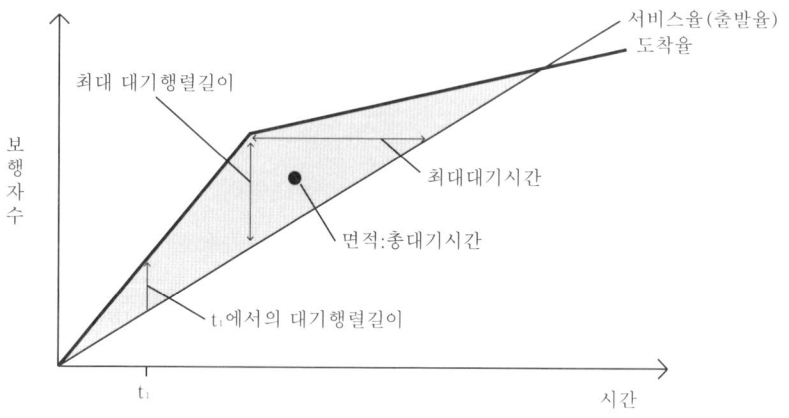

일반적으로 도착하는 사람 혹은 차량 등이 다른 사람이나 차량에 영향을 받지 않을 경우의 도착분포는 포아송 분포를 따르는 것으로 가정한다. 이 경우 도착하는 사람 혹은 차량 사이의 시간간격은 음이항 분포를 따른다. 보행자의 도착분포가 포아송 분포를 따른다면 t 시간 동안 k명의 보행자가 도착할 확률 p(k)는 식 (3-3)과 같다.

$$p(k) = \frac{(\lambda t)^k e^{-\lambda t}}{k!} \quad \text{〈식 3-3〉}$$

보행자의 도착확률이 포아송 분포를 따르고 도착률 λ=0.5[명/분]일 경우 보행자의 도착확률은 다음과 같이 계산된다.

* 3분 동안 2명이 도착할 확률:
$$p(2) = \frac{(0.5 \times 3)^2 e^{0.5 \times 3}}{2!} = 0.25$$

* 3분 동안 2명 이하의 보행자가 도착할 확률:
$$p(k < 2) = p(0) + p(1) = 0.33 + 0.22 = 0.55$$

* 3분 동안 2명 이상의 보행자가 도착할 확률:
$$p(k > 2) = 1 - (p(0) + p(1) + p(2)) = 1 - (0.55 + 0.25) = 0.20$$

소형 엘리베이터 예제

5층 건물에 들어오는 사람이 매분 0.5명씩이라고 가정하자. 즉 건물 내부로 들어오는 사람의 도착률 λ=0.5[명/분]이다. 또한 이 건물에 들어서는 모든 사람은 분당 2명을 처리할 수 있는 소형 엘리베이터를 이용해야만 한다고 가정하자. 즉 엘리베이터의 서비스율 μ=2 [명/분]라고 하자. 이 경우 소형 엘리베이터의 이용률(utilisation rate, ρ)

은 평균도착률/평균서비스율(=λ/μ)로 정의되며 0.25(=0.5/2)가 된다. 즉 엘리베이터가 이용 중인 시간의 비율이 25%라는 의미이다. 나머지 75%는 비어있는 상태라는 뜻이다. 따라서 임의로 건물에 들어 온 보행자가 소형 엘리베이터를 이용하기 위해 기다릴 확률, 즉 이용하지 못할 확률은 25% 가 된다. 다시 말해 25%의 확률로 이미 누군가 엘리베이터를 이용 중인 시간대에 건물에 들어올 수 있다는 의미이다. 반대로 기다리지 않고 바로 이용할 수 있는 시간대에 들어올 확률은 75%이다. 이런 관계를 이용하면 대기행렬이론과 관련된 다양한 분석을 할 수 있다.

우선 소형 엘리베이터를 타러 건물 안으로 들어왔을 때 기다리는 사람이 없을 확률 $p(0) = (1 - \frac{\lambda}{\mu})$가 된다. 이는 엘리베이터가 이용되지 않는 시간대에 올 확률과 같다. 즉 0.75가 된다. 건물 내에 기다리는 사람이 1명일 확률 $p(1) = (1 - \frac{\lambda}{\mu})\frac{\lambda}{\mu}$이다. 즉 0.75×0.25=0.19이다. 이는 앞서 온 사람은 엘리베이터가 이용되지 않는 시간대에 왔는데 바로 연이어 온 사람은 엘리베이터가 이용 중인 시간대에 건물에 들어올 확률이라는 의미이다. 다시 말해 $p(0)$에 엘리베이터가 이용 중일 시간대에 들어올 확률 λ/μ를 곱한 값이다. 건물 내에 n명의 보행자가 있을 확률 $p(n) = (1 - \frac{\lambda}{\mu})(\frac{\lambda}{\mu})^n$ 이 된다.

엘리베이터를 타러 건물에 들어 온 사람의 평균체류시간 (소요시간) $w_s = \frac{1}{\mu - \lambda}$ 이 된다. 0.67분이다. 즉 평균적으로 엘리베이터를 타러 건물에 들어 온 사람은 엘리베이터가 분당 처리하는 사람 수(서비스율)

에서 분당 건물에 도착하는 사람 수(도착률)를 뺀 값의 역수만큼 시간을 보내야 한다. 이 중에서 엘리베이터가 이미 이용 중인 시간대에 건물로 들어왔기 때문에 기다려야 하는 시간 즉, 평균대기행렬시간 W_q는 평균체류시간에 엘리베이터가 이용 중일 때 건물에 들어올 확률 $\frac{\lambda}{\mu}$를 곱한 값이 된다. 즉 평균 대기행렬시간은 $W_q = \frac{\lambda}{\mu(\mu - \lambda)}$ 이 된다. 즉 0.67분×0.25 = 0.17분이다.

한편 엘리베이터를 타러 건물에 들어오는 사람 수 즉, 평균적으로 시스템에 있는 사람 수 $L_s = \frac{\lambda}{\mu - \lambda}$ 가 된다. 즉 평균체류시간 동안 엘리베이터를 타러 오는 사람 수는 평균체류시간 $W_s = \frac{1}{\mu - \lambda}$ 에 도착률 λ를 곱한 값이 된다. 이 예제의 경우는 0.67(분)×0.5(명/분)=0.3명이다.

이들 중에서 대기행렬에서 기다려야 하는 평균 사람 수 L_q는 L_s에 엘리베이터가 이용 중일 때 건물에 들어올 확률 $\frac{\lambda}{\mu}$를 곱한 수 만큼이다. 즉 평균적으로 대기행렬에 있는 사람 수 $L_q = \frac{\lambda^2}{\mu(\mu - \lambda)}$ 이다. 즉 0.3(명)×0.25=0.08명이다.

한편 대기행렬의 길이 L_q는 도착률 λ에 평균 대기행렬시간 W_q를 곱한 것과 같다는 것을 수학적으로 증명한 사람의 이름을 따라 Little의 법칙이라고 부른다. 즉 $L_q = \lambda \cdot W_q$ 를 말한다. Little의 법칙을 이용하면 (평균)도착률, (평균)대기행렬시간, (평균)대기행렬길이 등 세 가지 변수 중 두 가지 값을 알면 나머지 하나를 추정할 수 있게 된다. 가령 도착률과 대기행렬길이를 알면 대기행렬시간을 알 수 있다. 대기행렬시간과 대기행렬길이를 알면 도착률을 알 수 있다.

지하철 플랫폼의 대기행렬 예제

지하철 플랫폼 중앙에서 위로 올라가는 에스컬레이터를 설치해야 한다고 가정하자. 현장 조사에 의하면 지하철은 플랫폼 양쪽에서 2분 간격으로 도착되며 각각 225명, 275명의 승객을 하차시킨다. 현재 플랫폼 길이는 270m, 폭 4.5m이다. 이 플랫폼 중간에 에스컬레이터를 설치했을 때 최대 보행교통류율이 발생하는 첨두시간인 6분 동안 플랫폼내의 대기 인원과 대기 시간을 구하여 보자.

단, 에스컬레이터의 용량은 100인/분, 폭 1.2m와 속도 27m/분으로 가정한다. 또한 하차하는 승객은 지하철 전체 차량에서 균등하게 나타나며 평균 보행속도는 90m/분으로 한다. 최초에 플랫폼에 남아있는 승객은 없었던 것으로 가정한다.

☞ 해답

Step 1. 그래프의 준비.

〈그림 3-9〉처럼 x축에 시간을 분 단위로 나누고, y축에 누적 도착 승객수를 표시한다.

Step 2. 에스컬레이터 용량표시.

에스컬레이터의 용량 100인/분을 그래프에 점선으로 표시한다. (누적 에스컬레이터 처리인원)

Step 3. 최대 보행시간의 결정.

　에스컬레이터의 보행자 도착은 지하철에서 하차하는데 걸리는 시간과 에스컬레이터까지 도착하는 시간에 따라 결정된다. 보행속도를 90m/분으로 하면 최대보행시간은 1.5분이 된다.

$$최대보행시간 = \frac{275m/2(플랫폼의\ 절반\ 거리)}{90m/분(평균\ 보행속도)} = 1.5분$$

　1.5분 동안 첫 번째 지하철에서 하차하는 승객 수 225명을 직선으로 표시한다. 그 후 0.5분이 지난 시점 즉 2분 시점에서 다시 1.5분 동안 275명의 보행자가 에스컬레이터에 도착하는 시간을 직선으로 표시한다. 즉, 지하철 양끝에서 내린 승객이 플랫폼 중간에 위치한 에스컬레이터까지 오는 시간 동안 지하철 승객은 모두 하차한다고 가정한다.

Step 4. 최대 대기인원 및 최대 대기시간.

　평균 대기시간은 승객의 하차율과 에스컬레이터 용량 사이에 나타나는 빗금 친 면적을 도착인원의 합계로 나누면 된다. 최대 대기인원은 두 선의 수직거리가 최대인 경우이고 최대 대기시간은 두 선의 수평거리가 최대인 경우이다.

　첫 번째 지하철이 도착할 때 최대대기행렬은 q_{max}은 75명(=225-100×1.5)이 발생되고 두 번째 지하철이 도착하는 2분에 25명(=225-200)이 에스컬레이터 앞에 남아있게 된다. 또한 최대 대기

시간(d_{max_1})은 45초, 평균 대기시간(d_{avg_1})은 22.5초이다.

두 번째 지하철이 도착하면 최대 대기행렬(q_{max_2})은 150명(=500-100×3.5), 최대 대기시간(d_{max_2})은 90초가 된다. 각 계산 과정을 살펴보면 우선 d_{max_1}은 1.5분에 하차한 승객이 에스컬레이터로 빠져나가는 시간이다. 우선 에스컬레이터가 225명을 처리한 시각을 구한다. 이는 $100\,x=225$을 만족시키는 x이다. $x=2.25$이므로 d_{max_1} = 2.25분-1.5분=0.75(분)=45초

d_{avg_1} = 총대기시간/플랫폼에 진입한 승객수=
$$[\frac{1}{2}(2.25-1.5) \times 225]/225$$
$$= 0.75 \times 0.5(분) = 22.5(초)$$

d_{max_2} = 5분-3.5분=1.5분=90초

d_{avg_2} = 사다리꼴/2분에서 5분 사이에 플랫폼에 진입한 승객수
$$[\frac{1}{2}(0.25+1.5) \times 275]/275$$
$$= \frac{1}{2} \times 1.75(분) = 52.5(초)$$

Step 5. 서비스 수준 결정.

0분에서 6분 사이에 플랫폼에 남아있는 사람의 합계는 최대 150명이 되며 이것을 전체 플랫폼 면적과 비교해 보면 평균 점유면적은 $\frac{270m \times 4.5m}{150인} = 8.1m^2/$인으로 계산된다. 이는 서비스 수준 A ($1.2m^2/$인 이상)에 해당된다.

<그림 3-9> 지하철 플랫폼의 대기행렬

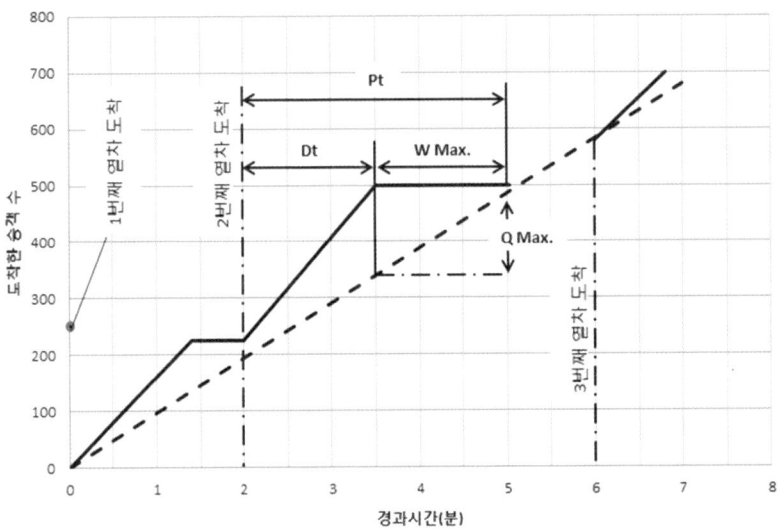

3.4 보행량 예측 모델

보행량 예측은 보행시설을 설계할 때 중요하다. 가령 보도폭을 결정할 때는 2.0m의 최소 보도폭원 규정을 만족시키는 것이 기본이다. 첨두시 보행량이 많다면 이에 맞추어 보도폭을 더 넓게 만들 필요가 있다. 즉 보행량 예측은 특정 보행시설이 얼마나 많은 사람이 걷게 될 것인지 추정하는 과정과 결과를 의미한다.

보행량 예측 기법으로는 일반적인 통계예측모형에서 활용되는 회귀분석기법이 가장 많이 쓰인다. 이에 더해 차량교통량 예측에 활용되는 전통적인 4단계 모형의 추정법을 이용하기도 한다.

회귀분석법

Zupan과 Pushkarev(1971)[6]는 뉴욕 맨해튼의 보도 구간별 보행활동량을 예측하는 모델을 낮과 저녁 시간대로 나누어 개발하였다. 독립변수로는 보도에 접해있는 건물의 사무실, 소매점, 식당 등의 면적, 보도폭 등이 사용되었다. Benham과 Patel(1977)[7]은 위스콘신, 밀워키 중심상업지구에서 오후시간대 보행량을 예측하였다. 여기서는 보도에 접한 상업시설, 업무시설, 문화 및 오락시설 등이 독립변수로 이용되었다. 그 결과 토지이용관련 변수가 보행량 변화의 60%를 설명하는 것으로 나타났다. Liu와 Briswold(2006)은 보행통행량에 가장 많은 영향을 끼치는 변수로 인구 및 산업 밀도, 대중교통 접근도, 토지이용 혼합도를 제시하였다. Schneider (2009)[8] 등은 이러한 보행 관련 회귀분석 모형들을 분석하여 독립변수들의 특성을 〈표 3-4〉와 같이 크게 토지이용, 교통체계, 사회경제 변수로 구분하여 정리한 바 있다.

〈표 3-4〉 보행량 예측관련 연구의 독립변수

독립변수 유형	독립변수	보행량과의 관계
토지이용	- 인구밀도, 주택밀도, 고용밀도, 복합토지이용정도 - 복합용도건물, 상업건물, 공원 등과의 근접성 - 공터와의 근접성	- 양의 관계 - 양의 관계 - 음의 관계
교통체계	- 보도의 설치여부, 보도의 연결성, 산책로 접근성, 대중교통접근성, 주변도로망의 연결성, 주변 교차로 밀도, 보도와 도로사이의 완충지대, 가로수 유무, 가로등 유무 - 블록의 길이, 인접한 간선도로 연장, 주거지에서의 차량속도, 주차공간, 도로횡단의 어려움	- 양의 관계 - 음의 관계
사회경제	- 학생수, 다가족 가구 - 차량보유, 가계소득, 나이	- 양의 관계 - 음의 관계

Schneider(2009) 등은 캘리포니아 Almaeda 카운티의 50개 교차로를 기반으로 주 단위 교통량을 측정한 후 이를 설명하는 변수로 토지이용, 교통체계, 사회경제 등을 활용하여 <식 3-4>와 같은 보행량 예측모형을 개발하였다.

교차로 횡단 총보행량=0.98×교차로0.5마일 반경 전체인구 + 2.19×교차로 0.25마일 반경 전체 고용자수 +98.4×교차로 0.25마일 반경 상업판매시설수+54,600 ×교차로 0.10마일 반경 대중교통정류장수-4,910 〈식 3-4〉

<식 3-4>에 의하면 교차로를 횡단하는 보행량의 크기가 교차로 주변 인구, 고용자 수, 상업 판매 시설 수, 대중교통 정류장 수와 연관되고 있다. 이 회귀모형의 결정계수는 0.897로 모형의 설명력이 매우 우수하며 독립변수는 모두 95% 신뢰구간에서 유의한 것으로 나타났다.

공간구문론

최근에는 공간구문론(Space Syntax)[9]에서 사용하는 연결도(connectivity)와 평균 공간깊이 (depth), 가시성(visibility), 그리고 상대적 비대칭성 혹은 통합도(integration)를 이용한 회귀분석 모형도 종종 사용된다. 공간구문론은 공간구조(spatial configuration)를 정량적으로 기술하고 분석하는 이론 및 일련의 방법을 칭하며, 1984년 Hillier와 Hanson의 저서「The Social Logic of Space」에서 처음

명명되었다. 여기서 사회적 특성과 공간적 특성의 상호관계를 객관적이고 정량적인 분석을 위한 방법으로 제시하였으며 최근 도시 및 건축분야에서 많이 사용되고 있다.

공간구문론에서 연결도는 주어진 지점에서 연결되는 도로구간(street segment)의 수를 의미하며, 평균 공간깊이란 주어진 노드 (결절점)와 다른 노드 사이에 놓인 도로구간 수의 평균을 의미하며, 가시성이란 주어진 지점에서 눈으로 보이는 최대거리를 의미한다. 마지막으로 통합도(Integration)란 주어진 노드에서 다른 노드로 가기 위해 필요한 회전(turn)의 숫자를 의미한다.

Penn(1998)[10] 등은 Space Syntax 방법을 사용하여 영국 근교의 4개 지역에 대해 전체통합도와 최대 빌딩높이를 변수로 결정계수(R^2)가 0.979인 상당히 설명력이 높은 회귀모형을 제시하였다. Raford와 Ragland(2004)[11]는 캘리포니아 오클랜드 시를 대상으로 한 연구에서 결정계수 0.77의 보행량 예측모형을 개발하였다. 국내에서도 김영욱 등(2005)[12]이 인사동 지역을 대상으로 Space Syntax 방법론을 이용한 결과 공간깊이 3의 국부통합도와 도로폭으로 결정계수(R^2) 0.79의 회귀모형을 <식 3-5>와 같이 도출하였고, 이를 통해 장래 보행량을 예측한 바 있다.

$$Y_a = 0.884546 + 0.497795 INT(3) + 0.055345 W \qquad \text{〈식 3-5〉}$$

여기서 Y_a는 예측 보행량, $INT(3)$은 공간깊이 3의 국부통합도, W는 도로폭을 의미한다.

4단계 모형

교통부문의 4단계 모형은 1960년대부터 통행발생, 통행분포, 수단선택, 통행배분 등 일련의 절차를 통해 도로 네트워크의 교통량 등을 예측하기 위해 개발되었다. 이 방법론을 활용하여 보행 교통량을 추정할 수도 있다. 4단계 모형에서 보행교통량을 분석하는 방법은 크게 네 가지 유형으로 나눌 수 있다[13].

첫 번째 유형은 보행을 차량교통과 완전히 분리시켜 분석하는 방법이다. 이는 기존의 차량분석용 4단계 모형에 보행통행 발생량(유출량 Production, 유입량 Attraction)만을 추정한다. 보행과 다른 교통수단의 경쟁관계를 고려할 수 없지만 단순히 보행통행의 존별 발생량을 알고자 할 경우 유용한 방법이다. 주로 카테고리 분석법으로 보행유출량과 보행유입량을 추정한다. 이러한 유형의 보행통행분석은 밀워키, 필라델피아 등에서 적용된 바 있다.

두 번째 유형은 보행교통수단을 통행발생 이후 통행분포 이전에 고려하는 방법이다. 이는 개인 기반으로 총 통행발생 모형을 추정한 후 이를 차량 통행분포와 보행 통행분포로 구분하는 방식이다. 첫 번째 유형과 달리 보행통행의 발생량을 차를 포함한 총 통행발생량의 한 부분으로 포함시킨다. 그만큼 보행교통의 상대적 중요성을 이해하는 데 도움이 된다. 보행유출량과 보행유입량의 추정은 회귀분석 혹은 이항로짓 모형을 주로 이용한다. Washington, Baltimore, Atlanta 등의 도시에서 적용된 바 있다.

세 번째 유형은 통행분포 이후 수단선택 이전에 보행통행 기종점표(Origin/Destination Table, O/D표)를 분리시켜 분석하는 방식이다. 이는 총 통행발생량을 기준으로 통행분포 모형을 적용하여 전체적인 O/D 표를 구축한 후 이를 차량 O/D와 보행 O/D로 구분하여 교통수단 분담 모형을 적용하는 방식이다. 보행 O/D 표는 존간 통행거리, 존간 통행시간 등을 활용하여 만들 수 있으며 이항로짓 모형을 활용한다. Southeast Florida Regional Planning Model에서 적용된 바 있다.

네 번째 유형은 수단선택 모형에 보행을 독립된 교통수단으로 포함시키는 방법이다. 여기서는 주로 다항로짓모형 혹은 네스티드 로짓 모형을 활용하는데 후자의 경우 비동력 교통수단으로 우선 수단선택 확률을 계산한 후 보행과 자전거 분담률을 추정하기도 한다. 이 방법은 Memphis, Portland, Minneapolis 등의 도시에 적용되었다.

<표 3-5> 4단계 모형에서 보행교통분석 방법

유형					
유형 1	차량교통과 완전 분리	차량 통행발생 → 차량 통행분포 → 차량 교통수단 선택 → 차량 통행배정			
		보행 통행발생 → 보행 P/A			
유형 2	통행발생 이후 통행분포 이전	통행발생 → 분리	→ 차량 통행분포 → 차량 교통수단 선택 → 차량 통행배정		
			→ 보행 P/A		
유형 3	통행분포 이후 수단선택 이전	통행발생 → 통행분포 → 분리	→ 차량 교통수단 선택 → 차량 통행배정		
			→ 보행 O/D		
유형 4	수단선택 모형포함	통행발생 → 통행분포 → 교통수단 선택 →	→ 차량 통행배정		
			→ 보행(비동력)통행배정		

<출처> Singleton, P.A. and Clifton, K.J. (2012) Pedestrians in regional travel demand forecasting models: State-of-the-Practice, Presented at 92th Annual Meeting of the Transportation Research Board, Washington D.C., 2013

    그러나 일반적으로 차량 교통량 추정을 목적으로 구분되는 교통분석존(Traffic Analysis Zone)의 규모가 크기 때문에 통행거리가 짧은 보행통행을 가로망에 배정할 경우 존 내부 통행에 그치는 경우가 많다. 이 때문에 보행량 추정 시에는 기존의 교통존보다 세분화한 존 체계를 먼저 구축하는 노력이 필요하다. 이러한 차원에서 Clift 등(2008)[14]은 교통분석존을 가구(block) 단위로 설정하여 보행량을 예측한 바 있다. Singleton(2013)[25] 등은 차량 중심의 교통분석존

---

25) Singleton, P.A., Muhs, C.D., Schneider, R.J., Clifton, K.J. (2013) Representing Walking Acitivy in Trip-Based Travel Demand Forecasting Models: A Proposed Framework., Presented at 93th Annual Meeting of the Transportation Research Board, Washington D.C., 2014

(Traffic Analysis Zone, TAZ)과 달리 셀 단위(80m×80m)의 보행분석존(Pedestrian Analysis Zone, PAZ)을 만들고 이를 기반으로 보행교통 수요분석 방법론을 제안한 바 있다.

〈그림 3-10〉 교통분석존과(TAZ)과 보행분석존(PAZ)의 비교

FIGURE 3 TAZ and PAZ boundary example in Portland, Oregon.
(출처: Songleton, 2013) 파란 격자: 보행분석존, 주황경계: 교통분석존

3.5 보행시뮬레이션

보행시뮬레이션은 개별 보행자가 주어진 보행환경에서 다른 보행자와 어떻게 상호작용을 하는지 분석한다. 개별 보행자의 행태를 분석한다는 차원에서 미시적 모형이라고 불리기도 한다. 반대로 앞서 설명한 Fruin(1971)의 보행 교통류 이론처럼 개별 보행자가 모인 전체 보행자들의 흐름을 속도, 밀도, 보행 교통량 측면에서 분석하는 경우

거시적 모형이라 한다.

시뮬레이션 모형은 경계가 모호하기는 하나 CA 모형, 에이전트기반 모형, 게임이론 모형, 역학기반 모형 등 4가지 유형으로 구분할 수 있다[26]. 여기서는 가장 이행하기 쉬운 CA 모형에 대해서만 설명한다. 다른 모형도 이와 유사한 절차를 따른다. CA 모형은 Cellular Automata의 약자로 공간을 셀 단위로 분할하여 분석하는 방법이다. CA 모형의 보행 분야 적용 사례는 Gipps와 Marksjo(1985)에서 찾아 볼 수 있다. 이들은 공간을 나누는 정사각형 셀 한 변의 길이를 0.5m로 설정하였다. 보행자는 현재 셀에서 인접한 주변 8개의 셀로 이동 가능하다. 이동의 규칙은 두 가지이다. 첫째, 이동 대상 셀은 목적지까지의 거리를 최소화하는 셀이 된다. 둘째, 하지만 주변에 다른 보행자가 존재하면 그 방향으로 이동할 수 없다. 즉 반발효과(repulsive effect)가 발생한다. 첫 번째는 이익점수(Gain Score)라는 이름으로 <식 3-7a>에 따라 계산되며, 두 번째는 손해점수(Cost Score)라는 이름으로 <식 3-7b>에 따라 계산된다. 순편익은 이익점수와 손해점수의 차로 정의되며 현재 위치한 셀과 주변의 셀 8개, 총 9개 셀에 대해 계산된다. 이후 순편익이 최대가 되는 셀로 이동한다.

$$B = G(\delta_i) - C \qquad \text{〈식 3-6〉}$$

$$G(\delta_i) = K \cdot \cos(\delta_i) \cdot |\cos(\delta_i)| \\ = \frac{K(S_i - X_i)(D_i - X_i) \mid (S_i - X_i)(D_i - X_i) \mid}{\mid S_i - X_i \mid^2 \mid D_i - X_i \mid^2} \qquad \text{〈식 3-7a〉}$$

---

[26] Johansson, Fredrik (2013) Microscopic modeling and simulation of pedestrian traffic, Thesis No. 1629, Department of Science and Technology, Linkoping University, Sweden.

여기서, $G(\delta_i)$ = 목적지까지의 이익점수 (가까운 정도), K = 조정상수, δ_i = 셀 i로 이동할 때 목적지에서 멀어지는 각도, S_i = 검토 중인 셀의 위치벡터, X_i = 현재 셀의 위치벡터, D_i = 목적지 위치벡터,

$$C = \frac{1}{(\triangle - \alpha)^2 + \beta}$$ 〈식 3-7b〉

여기서 C는 셀의 손해점수, $\triangle$는 검토 중인 셀과 다른 보행자와의 거리, α와 β는 조정상수.

Gipps와 Marksjo (1985)의 CA 모형은 시공간을 이산적으로 다루기 때문에 계산이 쉬운 장점이 있다. 하지만 다른 보행자와의 충돌을 피하기 위한 이동 여부를 동시에 결정하기보다 순차적으로 계산한다[15]. 따라서 계산의 순서가 시뮬레이션 결과에 영향을 미치는 문제가 있다. CA 모형 등 대개의 미시적 모형은 신뢰성을 검증하기 위해 그 결과가 Fruin(1971)이 정리한 거시적 모형 $P = S/M$을 얼마나 잘 설명하는지 검토하는 단계를 거친다. 한편, CA 등의 모형은 공간을 나누는 방식을 〈그림 3-11〉처럼 세 가지로 활용한다. Gipps와 Marksjo(1985)는 Moore의 8개 이웃공간을 검토하였지만 공간을 6각형으로 나누면 6개 이웃공간을 검토할 수도 있다[16].

〈그림 3-11〉 Von Neumann 이웃, Moore 이웃, 6각형 이웃

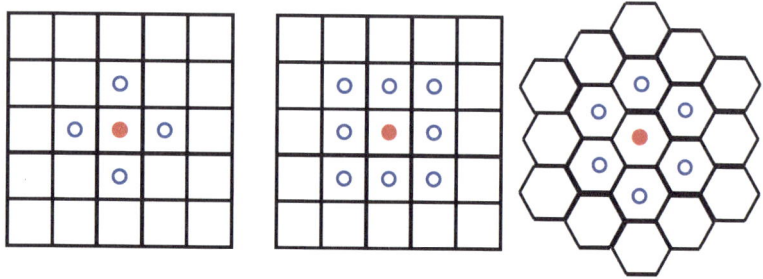

한 걸음 더

보행교통과 관련된 수리적 모형은 아직 연구가 많이 필요한 부분이다. 그동안 교통분야에서 지난 100년간 자동차를 이용해 더 먼 곳을 더 빨리 가는 것이 중요하다는 인식이 너무 강했기 때문이다. 교통계획이나 교통공학이라는 학문도 도로와 자동차에 관심을 두고 발전한 측면이 있다. 교통분야에서 보행에 대한 본격적인 관심은 최근에야 시작된 것으로 보인다. 보행분야의 연구는 아직 미개척 분야가 많다. 그 중 하나가 자동차와 사람이 뒤섞여 다니는 도시부 도로에서 보행의 용량이나 서비스 수준을 어떻게 평가하는 것이 합리적인지이다. 이와 관련된 최근 방법론을 소개하고자 한다. 하나는 미국의 도로용량편람에서 제시한 방법이고 다른 하나는 시공간 점유량 기법이다. 두 번째 방법은 특히 안전도 평가 측면에서 기술한다.

3.6 통합 보행 서비스 수준

미국의 도로용량편람(2010)에서는 도시부 도로시설(Urban Street Facility)에 대한 서비스 수준 통합평가를 제시하고 있다. 여기서는 차량, 보행자, 자전거, 대중교통 등 네 가지 수단이 도시부 가로를 함께 이용한다는 전제하에 각 수단별 서비스 수준을 평가하는 방법을 제시한다. 이러한 통합평가는 같은 도로 공간을 두고 다양한 교통수단이 서로 경쟁하기 때문에 중요하다. 가령 도시부 도로 설계자 혹은 운영자는 차량 서비스 수준이 높은 곳에서 보행 서비스 수준이 얼마나 낮아지는지 이해할 필요가 있다. 기존의 서비스 수준 분석에서도 보행자, 자전거 등 각각의 서비스 수준 분석방법이 제시되기는 했지만 이때는 해당 수단이 이용되는 특정 시설에서만 평가가 이루어졌다. 가령 보행의 경우 보도와 횡단보도에서의 분석방법을 제시하였다. 하지만 통합 서비스 수준 분석에서는 특정 도로구간을 여러 도로 이용자가 같이 이용한다는 것을 전제로 보행자의 서비스 수준 분석을 구체적으로 어떻게 시행할 수 있는지 제시하고 있다.

도시부 도로시설은 크게 link와 point로 대별된다. 포인트는 링크의 끝에 위치하는 교차로(intersection) 혹은 램프(ramp terminal)를 의미한다. 링크는 포인트와 포인트를 연결하는 도로구간이다. 링크와 교차로를 합친 한 단위를 분절(segment, 分節)이라고 한다. 이러한 분절이 2개 이상 모이면 시설(Facility)이 된다.

보행 서비스 분석도 링크와 교차로에 대해 시행하고 이 둘을 통합하여 분절에 대한 서비스 수준을 계산하며 분절을 통합하여 도시부 도로시설에 대한 종합적 평가를 수행한다. 보행자 서비스 수준은 보행점유공간과 보행자 서비스 수준 평점을 기준으로 A부터 F까지 구분한다. 보행자 서비스 수준 평가표는 〈표 3-6〉과 같다. 서비스 수준 평점은 사람들에게 다양한 도로 상태를 보고 평점을 매기도록 해서 얻은 값이다. 본 절에서는 HCM의 기호를 변형 없이 그대로 사용한다.

Segment의 서비스 수준

Step 1: 자유보행속도의 결정

자유보행속도는 보행자가 다른 보행자와 충돌이 없는 상황에서 걷고자 하는 속도를 의미한다. 자유보행속도는 노인의 구성 비율에 영향을 받는다. 65세 이상 노인의 비중이 20% 미만인 경우는 자유보행속도를 $4.4\,ft/s(1.34\,m/s)$로 하며 그 이상인 경우는 $3.3\,ft/s$가 된다. 비중이 10% 늘어날 때마다 $0.3\,ft/s$만큼 자유보행속도를 감한다.

Step 2: 평균 보행점유공간의 결정

보도가 있는 경우 보행자가 점유하는 공간은 유효보도폭, 보행교통류율, 보행속도 등에 의해 영향을 받는다.

  A. 유효보도폭의 계산

유효 보도폭은 전체 보도에서 보도에 설치된 고정물체의 유효폭을 빼고 여기에 인접한 도로나 수직 장애물로부터 보행자가 편안한 이격거리(shy distance)를 뺀 값을 의미한다. 고정물체는 건물 전면부처럼 연속적인 것도 있을 수 있고 나무, 벤치, 기둥처럼 비연속적인 것도 있다. 유효 보도폭의 계산식은 <식 3-8>와 같다.

$$W_E = W_T - W_{O,i} - W_{O,o} - W_{s,i} - W_{s,o} \geq 0.0 \quad \langle \text{식 3-8a} \rangle$$

$$W_{s,i} = \max(W_{buf}, 1.5) \quad \langle \text{식 3-8b} \rangle$$

$$W_{s,o} = 3.0 p_{window} + 2.0 p_{building} + 1.5 p_{fence} \quad \langle \text{식 3-8c} \rangle$$

$$W_{O,i} = w_{O,i} - W_{s,i} \geq 0.0 \quad \langle \text{식 3-8d} \rangle$$

$$W_{O,o} = w_{O,o} - W_{s,o} \geq 0.0 \quad \langle \text{식 3-8e} \rangle$$

여기서,

W_E = 유효 보도폭

W_T = 전체 보도폭

$W_{O,i}$ = 보도 안쪽 고정물체 조정 유효 폭

$W_{O,o}$ = 보도 바깥쪽 고정물체 조정 유효 폭

$W_{s,i}$ = 보도 안쪽 (연석방향) 이격거리

$W_{s,o}$ = 보도 바깥쪽 이격거리

W_{buf} = 차도와 보도 사이의 완충지대 폭

p_{window} = 보도 중 진열창문에 인접한 길이의 비중

p_{fence} = 보도 중 건물 전면부에 인접한 길이의 비중

$p_{building}$ = 보도 중 펜스 혹은 낮은 담에 면한 길이의 비중

$w_{O,i}$ = 보도 안쪽 고정물체 유효 폭

$w_{O,o}$ = 보도 바깥쪽 고정물체 유효 폭

차도 쪽(안 쪽)의 보행자 이격거리(shy distance)는 일반적으로 1.5ft 정도로 간주하며, 건물 쪽(바깥 쪽)의 보행자 이격거리는 펜스나

낮은 담이 있을 경우 1.5ft, 건물이 면하고 있을 때 2.0ft, 진열 창문에 접할 경우 3ft로 계산한다.

B. 단위폭원당 보행교통량의 계산

단위폭원당 보행교통류율은 식 (3-9)와 같이 계산된다.

$$v_p = \frac{v_{ped}}{60\,W_E} \qquad \text{〈식 3-9〉}$$

여기서,

v_p = 단위폭원당 보행교통량

v_{ped} = 대상 보도의 보행교통류율(양방향)(p/시)

W_E = 유효보도폭

C. 평균 보행속도의 계산

평균 보행속도는 식 (3-10)에 의해 계산된다.

$$S_p = (1 - 0.00078 v_p^2) S_{pf} \geq 0.5 S_{pf} \qquad \text{〈식 3-10〉}$$

여기서, S_p 는 보행속도, S_{pf} 는 자유보행속도, v_p 는 단위폭원당 보행교통량을 의미한다. 〈식 3-10〉은 보행속도가 보행량에 의해 제약되는 사실을 반영하기 위해 계산된다.

D. 보행점유공간 계산

마지막으로 평균 보행점유공간은 〈식 3-11〉에 의해 계산된다.

$$A_p = 60 \frac{S_p}{v_p} \quad \langle \text{식 3-11} \rangle$$

여기서, A_p는 보행점유공간을 의미한다.

Step 3: 보행자 대기 지체시간 결정

보행자 대기시간은 3가지 측면에서 계산된다. 첫째는 보행자가 링크를 따라 평행하게 진행할 때 교차로에서 횡단하기 위한 대기 지체시간(d_{pp})이다. 양방향 차량정지제어(two-way STOP controlled, TWSC) 방식으로 운영되는 교차로에서 이러한 대기시간은 무시할 만하다. 신호 교차로인 경우는 '신호교차로의 서비스 수준 산정' 절을 참조하여 계산한다. 두 번째는 보행자가 진행 도중 가까운 신호 횡단보도를 횡단하는데 필요한 대기 지체시간(d_{pc})이다. 가까운 신호 횡단보도가 신호 교차로에서 나타난다면 역시 '신호교차로의 서비스 수준 산정'에 제시된 방법으로 계산한다. 만약 링크 중간에 신호 횡단보도가 있다면 신호기를 작동시키고 난 후의 평균 지체시간을 계산한다. 이러한 지체시간은 신호시간 설계에 따라 달라지나 5초에서 25초에 달한다. 세 번째 대기 지체시간은 보행자가 신호기가 없는 무신호 횡단시설에서 대기할 때 적절한 차량간격이 나타날 때까지 기다리는 지체시간(d_{pu})이다. 만약 합법적인 횡단시설이라면 'TWSC 교차로의 서비스수준 산정'을 참고하여 계산한다.

Step 4: 보행자 통행속도 결정

보행자 통행속도(pedestrian travel speed)는 분절(segment)을 따라 걸을 때의 전반적 속도(aggregate speed)를 의미한다. 여기서는 교차로 횡단시 발생되는 대기 지체시간과 분절 (segment)을 따라 걷는데 걸리는 시간을 같이 고려한다. 따라서 평균 보행속도보다는 적다. 보행자 통행속도는 <식 3-12>와 같이 계산된다.

$$S_{Tp,seg} = \frac{L}{\frac{L}{S_p} + d_{pp}} \quad \langle \text{식 3-12} \rangle$$

여기서,
$S_{Tp,seg}$ = 해당 분절을 통과하는 속도
L = 분절의 길이
S_p = 보행속도
d_{pp} = 분절과 평행하게 걸을 때 나타나는 대기 지체시간

일반적으로 보행속도는 4.0f/s 정도가 받아들일만한 수준이며 2.0f/s 이하라면 바람직하지 않다.

Step 5: 교차로 보행자 LOS 점수 결정

교차로 보행자 LOS 점수는 '신호교차로의 서비스 수준 산정'과 양방향 우선멈춤제어 'TWSC 교차로의 서비스수준 산정'을 참고하여 계산한다.

Step 6: 링크의 보행 LOS 점수 결정

링크의 보행 LOS 점수는 식 (3-13)에 근거하여 계산한다.

$I_{P,link} = 6.0468 + F_w + F_v + F_S$ 〈식3-13a〉

$F_w = -1.2276 \ln(W_v + 0.5W_l + 50p_{pk} + W_{buf}f_b + W_{aA}f_{sw})$ 〈식3-13b〉

$F_v = 0.0091 \dfrac{v_m}{4N_{th}}$ 〈식3-13c〉

$F_s = 4\left(\dfrac{S_R}{100}\right)^2$ 〈식3-13d〉

여기서,

$I_{P,link}$ = 링크의 보행 LOS 점수

F_w = 횡단면 조정계수

F_v = 차량 교통량 조정계수

F_S = 차량 속도 조정계수

W_v = 진행차로, 자전거 차로, 길어깨 외곽의 총 유효폭원(교통량의 함수이며 표 3- 참조)

W_i = 자전거 차로와 길어깨의 유효폭(표 3- 참조)

p_{pk} = 노상주차장의 점유율

W_{buf} = 보도와 차도부 사이의 완충지대 폭원

W_A = 완충지대계수(도로 외곽으로 보도와의 사이에 높이 3ft 이상의 연속적인 장애물 있는 경우 5.37, 그 밖의 경우 1.0 적용)

W_{aA} = 이용 가능한 보도폭(보도가 없으면 0.0 , 보도가 있으면 $W_T - W_{buf}$)

W_{aA} = 조정한 이용가능 보도폭(min(W_A, 10))

f_{sw} = 보도폭 계수 = 6.0-0.3 W_{aA}

v_m = segment 중간에서의 교통량 수요(한 방향)

N_{th} = segment에서 차로 수(한 방향)

S_R = 차량주행속도 = (3,600L)/(5,280 t_R)

W_t, W_1, W_v 는 〈표 3-6〉에 의해 계산된다.

〈표 3-6〉 링크의 보행자 LOS 점수 산정을 위한 폭원 결정

조건	조건 만족	조건 만족하지 않음
$p_{pk} = 0.0$	$W_t = W_{ol} + W_{bl} + W_{os}^*$	$W_t = W_{ol} + W_{bl}$
u_m 〉160 대/시, 또는 중앙분리대가 있는 도로	$W_v = W_t$	$W_v = W_t(2 - 0.005u_m)$
p_{pk} 〈0.25 또는 주차면 제공	$W_1 = W_{bl} + W_{os}^*$	$W_1 = 10$

여기서,

W_t = 진행차로, 자전거 차로, 길어깨 외곽의 총 폭원

W_{ol} = 진행차로 외곽의 폭원

W_{os}^* = 조정된 길어깨 밖 포장구역의 폭, 연석이 있을 경우

W_{os}^* = W_{os}-1.5≥0.0, 그 외의 경우 W_{os}^* = W_{os}

W_{os} = 길어깨 밖 포장구역의 폭

W_{bl} = 자전거 차로폭(자전거 차로가 없으면 0.0)

완충지대 폭의 조정계수 결정은 완충지대에 연속적으로 장애물이 설치되어 있는지에 따라 달라진다. 수직적 고정물체(나무 또는 볼라드)가 3ft가 넘고 20ft 이내 간격으로 연속해 있을 경우 연속장애물로 간주한다.

보행자 LOS 점수는 보행자와 차량의 분리 여부에 따라 민감하게 변화한다. 차량의 속도와 교통량에도 영향을 받는다. 주행차로 옆으로 물리적 장애물이나 주차한 차량이 있을 경우 (보행자와 차량의) 분리거리와 인지되는 서비스의 질을 효과적으로 높일 수 있다.

보도가 해당 분절에서 연속적이지 않다면 하위분절로 나누어 평가해야 한다. 하위분절에 보도가 없을 경우 완충지대폭과 유효 보도폭은 0이 된다. 이후 보행자 LOS 점수 $I_{P,link}$ 는 하위분절의 거리에 따른 가중평균으로 계산된다.

Step 7: 링크 LOS의 결정

링크의 보행자 LOS는 <표 3-7> 보행자 LOS 기준에 의해 결정한다. 링크에 보도가 없을 경우는 보행자 공간을 산정하기 어려우므로 <표 3-8>를 이용한다.

⟨표 3-7⟩ 보행자 LOS 기준: 보도가 있을 경우

보행 LOS 평점	평균 보행공간에 따른 LOS (ft²/p)					
	>60	>40-60	>24-40	>15-24	>8.0-1.5[a]	≤8.0[a]
≤2.00	A	B	C	D	E	F
>2.00-2.75	B	B	C	D	E	F
>2.75-3.50	C	C	C	D	E	F
>3.50-4.25	D	D	D	D	E	F
>4.25-5.00	E	E	E	E	E	F
>5.00	F	F	F	F	F	F

⟨표 3-8⟩ LOS 기준: 보도가 없을 경우

LOS	LOS 평점
A	≤2.00
B	>2.00-2.75
C	>2.75-3.50
D	>3.50-4.25
E	>4.25-5.00
F	>5.00

Step 8: 도로 횡단 불편도 계수 결정

분절(segment)의 끝에 위치한 교차로에 이르기 전 중간에 보행자가 도로를 횡단할 때 얼마나 불편한지를 평가한다. 이는 해당 횡단을 위해 기다리는 지체시간으로 결정한다. 보행자들은 도로를 횡단하기 위해 분절 중간에 있는 횡단시설을 이용하거나 끝에 위치한 교차로에서 횡단하게 된다. 이 때 신호기가 있을 수도 있고 없을 수도 있다. 신호기가 없는 횡단보도에서 사람들은 차량간격(gap)을 살폈다가 그 간격이 충분하다면 횡단하게 된다.

A. 우회지체의 계산

신호기가 있는 횡단보도까지 걸어갈 경우의 지체시간을 의미한다. 이는 가까운 신호 횡단보도까지 거리와 신호시간 설계에 따라 달라진다. 가까운 횡단보도까지의 거리 D_c는 끝에 위치한 교차로 횡단보도를 이용할 경우와 중간에 있는 횡단보도를 이용할 때로 나누어 계산된다.

가까운 횡단보도까지의 우회거리는 〈식 3-14〉와 같이 계산된다.

$$D_d = 2D_c \quad \text{〈식 3-14〉}$$

여기서,

D_d = 우회거리, D_c는 가까운 신호 횡단보도까지의 거리이다.

만약 교차로 신호 횡단보도가 가까운 쪽(A 지점)에 없고 먼 쪽(B 지점)에만 있는 경우 교차로 폭(W_i)을 더해 주어야 한다. 우회지체시간은 〈식 3-15〉와 같이 계산된다.

$$d_{pd} = \frac{D_d}{S_p} + d_{pc} \quad \text{〈식 3-15〉}$$

여기서 d_{pd} = 보행자 우회지체시간

D_d = 우회거리

S_p = 보행속도

d_{pc} = 가까운 신호횡단보도에서 횡단을 시작하기까지 기다리는 시간, 이 값은 Step 3에서 계산된다.

B. 도로횡단의 불편계수

도로횡단의 불편계수는 <식 3-16>으로 계산된다.

$$F_{cd} = 1.0 + \frac{0.10d_{px} - (0.318I_{p,link} + 0.220I_{p,link} + 1.606)}{7.5}$$ ⟨식 3-16⟩

여기서,

F_{cd} = 도로횡단 불편계수

d_{px} = 횡단지체 = $\min(d_{pd}, d_{pw}, 60)$

d_{pw} = 보행자 대기지체

$I_{p,link}$ = 링크의 보행자 LOS 점수

$I_{p,ink}$ = 교차로의 보행자 LOS 점수

만약 식(3-16)의 값이 0.8보다 작다면 이 값은 0.8이 되며 1.20보다 크다면 1.20으로 고정시킨다. 보행자 대기지체시간은 Step 3에서 계산된다. 만약 중간에 합법적인 횡단시설이 없을 경우 횡단지체시간 d_{pw}를 고려하지 않는다.

Step 9: 분절의 보행자 LOS 점수 결정

분절(Segment)에 대한 보행자 LOS 점수는 <식 3-17>에 의해 계산된다.

$$I_{p,seg} = F_{cd}(0.318I_{p,link} + 0.220I_{p,int} + 1.606)$$ ⟨식 3-17⟩

여기서 $I_{p,seg}$ 는 분절에 대한 보행자 LOS 점수를 의미한다.

Step 10: 분절의 LOS 결정

분절(Segment)에 대한 보행자 LOS는 Step 9에서 구한 LOS 점수와 Step 2에서 구한 평균 보행점유공간으로 결정하며 <표3-7>의 기준을 따른다. 링크에 보도가 없을 경우는 보행자 공간을 산정하기 어려우므로 <표 3-9>를 이용한다.

<표 3-9> 보행자 공간의 정성적 기술

보행자 공간(ft^2/p)		설 명
무작위 흐름	보행군 흐름	
>60	>530	원하는 경로로 이동 가능
>40-60	>90-530	가끔 상충을 피하기 위해 경로를 수정해야 함
>24-40	>40-90	자주 상충을 피하기 위해 경로를 수정해야 함
>15-24	>23-40	속도를 내거나 느린 보행자를 추월하기 어려워짐
>8-15	>11-23	속도에 제약을 받으며 더 느린 보행자를 추월하기 아주 어려움
≤ 8	≤ 11	속도는 심하게 제약을 받으며 다른 이용자와 자주 접촉해야 하는 상황

통합 보행서비스분석은 개별 보행자 시설의 서비스 수준 분석의 한계를 넘어서기 위해 시도 되었다. 가로에서 이루어지는 다른 교통수단과의 상호작용과 연속된 보행공간에서의 보행 서비스 수준을 분석하는 것이 주된 목적이다. 그러나 절차가 복잡하고 가정이 많아 이용에 어려움도 존재한다. 향후 보편적 적용을 위해서는 단순화할 수 있는 방안을 찾을 필요가 있다.

3.6 시공간 점유량을 이용한
보차혼합공간의 안전성 평가

시공간 점유량에 관한 기존 연구

시공간 점유량이라는 개념이 원시적이지만 처음으로 등장하기 시작한 것은 1959년에 개최된 국제대중교통협회(the Union Internationale des Transport Publics (UITP))에서 간행된 한 팜플렛이었다. 그 후 이 개념은 유럽과 미국에서 각각 다른 분야에서 개별적으로 발전해왔다. 먼저 유럽에서는 Pushikarev와 Zupan이 자전거로부터 이·착륙하는 비행기에 이르기까지 도시공간에서 필요로 하는 공간점유량을 계산하는 표를 만들어 보였다. 후에 Merchand는 1989년 싱가폴에서 열린 UITP에서 그의 선배 기술자와 함께 승용차로 5km를 운전하는 데 소요되는 공간점유량을 계산해 보였다.

한편 미국에서는 이 개념을 보행자 공간의 설계와 관리에 사용하였다. 예를 들어 1980년 TRB에서 발행된 Circular 212에서 Fruin과 Benz는 보행자도로를 설계하는데 이 개념을 사용하여 종래의 방법과 비교하여 보였다. Benz(1986)는 마찬가지로 이 개념을 가지고 철도역사의 계단과 복도에서의 서비스수준을 계산하는데 사용하여 보였고, Bruun (1992)은 이 개념의 정식화를 시도하여 박사학위 논문을 썼다. 일본의 경우는 塚口(1987)가 주거지역의 정비를 위해 공간점유도와 시간점유도라는 개념을 이용하여 지표를 개발했다. 후에 다시 中

川와 塚口(1988)가 개념을 발전시켜 주거지의 정비지표의 하나로 정착시킨 바 있다.

시공간 점유량의 기본 개념

〈그림 3-12〉는 시공간점유량의 공식을 유도하기 위한 중요한 개념을 제공하고 있다. 먼저 도로의 폭 d, 연장 L을 갖는 공간이 시간 T동안 주어져 있다고 하자. 그러면 특정 교통수단 i의 j번째 차량은 주어진 구간을 이동할 때 수단 자체의 연장δij와 안전하게 주행하기 위해 어느 것도 들어올 수 없는 배타적인 영역 거리f(Vij) 및 폭Wij로 이루어진 안전그림자영역을 유지해야만 한다.

〈그림 3-12〉 시공간 점유량의 기본 개념도

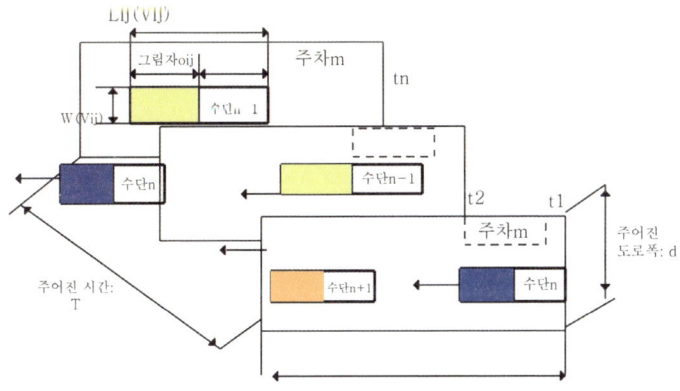

이것은 곧 배타적인 공간점유를 의미하며 이들 변수들은 모두 이동속도의 함수라고 볼 수 있다. 또한 주어진 시간 내에서 이동한다고 가정할 경우 이들 교통수단은 공간뿐만 아니라 t1에서 t2까지의 시간

의 영역도 점유하고 있음을 알 수 있다. 따라서 우리는 일정 단위의 시간 T동안에 주어진 공간상에서 움직이거나 정지되어 있는 물체가 이와 같이 시공간을 점유하고 있는 것을 알 수 있고 이와 같이 공간뿐만 아니라 시간도 점유하고 있다는 의미에서 "시공간점유량(Time Space Occupancy Volume;TSOV)"이라고 정의할 수 있다.

이러한 개념을 이용하여 각 교통수단의 TSOV는 식(1)에 나타낸 바와 같이 어떤 차량이 안전하게 달릴 수 있기 위한 배타적인 영역(여기서는 안전그림자라고 표현한다.)에 대해 시간t1부터 t2까지 적분할 수 있다.

$$Q_{tsim} = \sum_j \int_{t1}^{t2} A_{ij}(V_{ij}) dt \quad \langle \text{식 3-18} \rangle$$

여기에서,

Q_{tsim} = 움직이는 교통수단 i의 TSOV(m^2-초)

$A_{ij}(V_{ij})$ = 교통수단 i의 j번째가 안전하게 달릴 수 있기 위한 영역(안전그림자)(m^2)

(V_{ij}) = 교통수단 i의 j번째 속도(km/초)

여기에서 만일 안전그림자 $A_{ij}(V_{ij})$ 를 안전그림자의 길이와 폭에 관한 함수(Lij(vij)×Wij(vij))로 치환하면 〈식 3-18〉은 〈식 3-19〉와 같이 된다.

$$Q_{tsim} = \sum_j \int_{t1}^{t2} L_{ij}(V_{ij}) \times W_{ij}(V_{ij}) dt \quad \langle \text{식 3-19} \rangle$$

여기에서,

$L_{ij}(V_{ij})$ = 교통수단i의 j번째가 안전하게 달릴 수 있기 위한 안전거리(m)

$W_{ij}(V_{ij})$ = 교통수단i의 j번째가 안전하게 달릴 수 있기 위한 폭(m)

마찬가지로 <식 3-19>에서 $L_{ij}(V_{ij})$는 차량자체의 길이와 안전거리 $(\delta_{ij} + f(V_{ij}))$로 나눠질 수 있고 <식 3-20>으로 표현될 수 있다.

$$Q_{tsim} = \sum_j \int_{t1}^{t2} (\delta_{ij}) + f(V_{ij}) \times W_{ij}(V_{ij}) dt \quad \text{<식 3-20>}$$

여기에서,

δ_{ij} = 교통수단i의 j번째의 자체길이(m)

$f(V_{ij})$ = 교통수단i의 j번째가 안전하게 달릴 수 있기 위한 안전거리(m) 한편, 주차차량의 TSO는 <식 3-21>와 같이 표현이 된다.

$$Q_{tsis} = \sum_j \int_{t1}^{t2} A_{ij} dt \quad \text{<식 3-21>}$$

여기에서,

Q_{tsis} = 교통수단i의 TSO(m^2-초)

여기에서도 마찬가지로 <식 3-21>에서 A_{ij}는 차량자체의 길이와 주차폭($\delta_{ij} \times W_{ij}$)으로 나눠질 수 있고 <식 3-22>으로 표현될 수 있다.

$$Q_{tsis} = \sum_j \int_{t1}^{t2} \delta_{ij} \times W_{ij} dt \quad \text{<식 3-22>}$$

상기 식에서 나타난 시공간점유량(m^2-초)이라는 단위는 종래 시간점유량으로서 교통량(대/시)을, 공간점유량으로서 교통밀도(대/km)로 나타내는 개념을 통합한 것으로써 이동 중이거나 정지하고 있는 물체뿐만 아니라 크기가 다른 교통수단들의 양도 통합할 수 있는 유효한 개념이 된다.

시공간점유도

식(3)에서 나타내는 시공간점유량은 도로의 폭이나 연장에 관계없이 어느 교통수단이 시공간적으로 점유하고 있는 절대량을 나타낸다. 그러므로 다양한 폭, 연장 및 주어진 시간을 가진 공간을 평가하기 위한 표준화 지표로서 시공간점유량을 주어진 시공간량으로 나눠주면 어느 공간, 어느 시간대에서도 분석이 가능한 시공간점유도가 될 수 있다. 이것은 〈식 3-23〉과 같이 표현될 수 있으며 단위는 % 또는 없는 것으로 표현될 수 있다.

$Q_{tsis} = Q_{tsis}/(L \cdot d \cdot T)$ 〈식 3-23〉

시공간 폭로량을 이용한 보차혼합도로의 안전성 평가

시공간 점유량을 이용하면 보행자와 자동차가 혼재된 보차혼합도로 안전성 평가시 기존의 평가지표보다 합리적인 새로운 지표 개발이 가능하다. 기존 연구에서는 자동차 교통량에 보행자 교통량을 곱하여 보차교착도(예를 들어 이면도로에서 자동차와 보행자가 상호 교차되는 횟수가 증가할수록 잠재적 위험도는 증가한다고 볼 수 있음)라고 명명하고 있고, 이것은 주민의 안전감과 밀접한 상관이 있는 것으로 밝혀졌다. 그러나 보차교착도에는 자동차의 속도 개념이 빠져있으며, 통상 자동차의 속도 및 안전감과 상관이 높은 것을 볼 때 보차교착도의 개념만으로 자동차와 보행자 사이의 위험도를 표현하기에는 아직 불충분한 것으로 보인다.

보차교착도의 약점을 보완한 개념이 "시공간노출량"이다. <그림 3-13>은 어떤 도로구간에서 자동차와 보행자가 동일한 방향으로 진행시 보행자가 자동차에 노출되는 상태를 개념적으로 예시한 것이다. 예를 들어 보행자가 어느 도로구간을 걷고 있을 때 뒤쪽에서 접근해 오는 자동차가 어느 정도(여기서는 자동차의 안전그림자로 상정한다.) 가까이 오면 주의를 하게 되거나 위험을 느끼게 된다. 그러다가 자동차가 통과해 지나가면 위험요소는 사라졌다고도 말할 수 있다. 이처럼 보행자가 자동차에 의해 이와 같이 노출되어 위험을 느끼게 될 때 "보행자가 자동차에게 노출된 상태"라고 표현하고 "시공간노출량"으로 그 많고 적음을 표현할 수 있다.

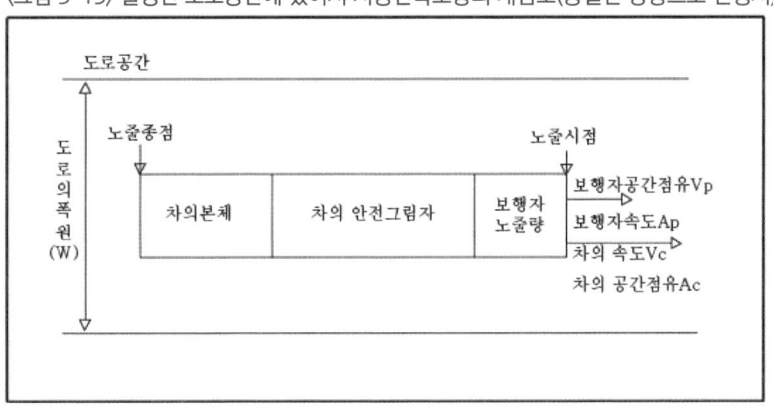

<그림 3-13> 일정한 도로공간에 있어서 시공간폭로량의 개념도(동일한 방향으로 진행시)

<그림 3-14>은 기존의 시공간도를 이용하여 시공간노출량의 개념을 더욱 일반화시킨 것이다. 단, 여기서는 통상 12m 이하의 도로폭원을 갖는 보차혼합공간이라는 조건하에서 보행자가 통과하는 자동차에 의해 영향을 받는다고 전제한 상태이다. 이러한 경우 보행자 P_{j-1}은 동일방향의 자동차 C_{j-1}에 의해 C_j의 안전그림자가 시작하는 시각 t_4로부터 구간S를 통과하는 t_6까지 노출되고, 또 반대방향의 자동차 C_{j+1}에 의해 C_j의 안전그림자가 시작하는 시각 t_8부터 자동차 C_{j+1}과 마주 비껴가는 t_9까지 노출되어 <식 3-24>과 같이 표현할 수 있다.

<그림 3-14> 시공간도를 이용한 시공간노출량의 기본적 개념

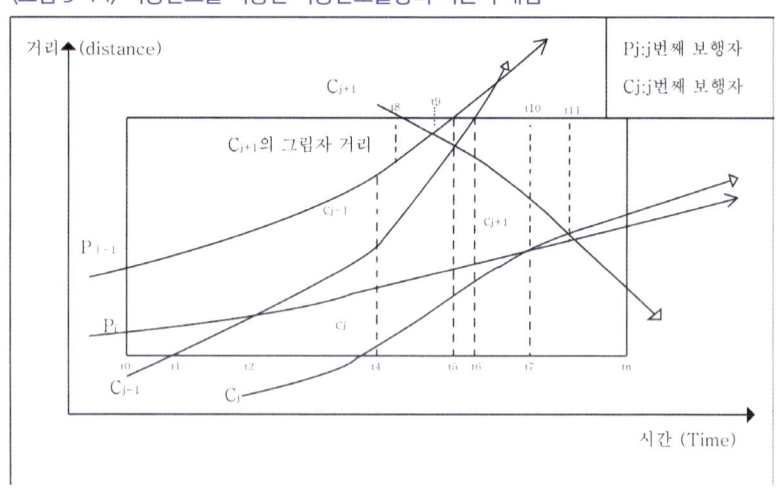

　여기에서 노출량은 아직 폭을 고려하지 않고 있으므로 단위는 시간·거리(m-초)로서 표현된다. 먼저 P_{j-1}이 자동차 C_{j-1}과 C_{j+1}에 의해 노출되는 시간-거리량이 <식 3-24>과 같이 표현할 수 있다.

$PTSO\text{-}E_{pj\text{-}1} = \int_{t_4}^{t_5} C_{j\text{-}1}(A)dt + \int_{t_8}^{t_9} C_{j\text{-}1}(A)dt$ 〈식 3-24〉

여기에서,

$PTSO\text{-}E_{pj\text{-}1}$ = 보행자$P_{j\text{-}1}$가 자동차$C_{j\text{-}1}$에 의해 노출되는 시간-거리량(m-초)

$C_{j\text{-}1}(A)dt$ = 자동차 $C_{j\text{-}1}$의 안전그림자 거리(m)

$C_{j\text{-}1}(A)$ = 자동차 C_{j+1}의 안전그림자 거리(m)

t_4 = 보행자$P_{j\text{-}1}(P_j)$가 자동차$C_{j\text{-}1}(C_j)$에 의해 노출되기 시작하는 시각

t_5 = 보행자$P_{j\text{-}1}$가 정해진 구간을 통과하는 시각

t_8 = 보행자$P_{j\text{-}1}$가 자동차C_{j+1}에 의해 노출되기 시작하는 시각

t_9 = 보행자$P_{j\text{-}1}$가 자동차C_{j+1}와 마주쳐 통과하는 시각

마찬가지로 보행자 P_j가 자동차$C_{j\text{-}1}$과 C_j, C_{j+1}에 노출되는 시간-거리량은 〈식 3-25〉과 같이 표현할 수 있다.

$PTSO\text{-}E_{pj\text{-}1} = \int_{t_1}^{t_2} C_{j\text{-}1}(A)dt + \int_{t_4}^{t_7} C_j(A)dt + \int_{t_8}^{t_9} C_{j\text{-}1}(A)dt$ 〈식3-25〉

여기에서,

$PTSO\text{-}E_{pj\text{-}1}$ = 보행자P_j가 자동차$C_{j\text{-}1}$, C, C_{j+1}에 의해 노출되는 시간-거리량(m-초)

$C_j(A)$ = 자동차C_j의 안전그림자 거리(m)

t_1 = 보행자P_j가 자동차$C_{j\text{-}1}$에 의해 노출되기 시작하는 시각

t_2 = 자동차 $C_{j\text{-}1}$가 보행자P_j를 추월하는 시각

t_4 = 보행자 P_j가 자동차 C_j에 의해 노출되기 시작하는 시각

t_7 = 자동차 C_j가 보행자 P_j를 추월하는 시각

t_{10} = 보행자 P_j가 자동차 C_{j+1}에게 노출되기 시작하는 시각

t_{11} = 보행자 P_j가 자동차 C_{j+1}와 마주쳐 지나가는 시각

물론 자동차가 보행자를 추월해 지나갔어도 잠시 동안은 자동차의 뒤에서 배출되는 배기가스등에 의해 불쾌감을 느낄 것으로 생각되지만 안전성을 중심으로 생각해 볼 때 일단 자동차가 추월하든지, 마주쳐 지나갔을 경우에는 위험감은 사라진다고 가정한다. 또한 전방에서 접근하는 자동차에 대한 위험감과 보행자의 후방에서부터 접근해 오는 자동차에 대한 위험감도 엄밀히 말하면 다를 것으로 판단되나 여기서는 계산을 단순화하기 위해 동일한 것으로 간주하기로 한다.

따라서 보행자 P_j, P_{j-1}이 주행차량에게 노출되는 전체적인 시간-거리량은 〈식3-26〉와 같이 표현할 수 있으며, 이것은 다시 식(10)과 같이 일반화될 수 있다.

$$PTSO\text{-}E_p = \int_{t_1}^{t_3} C_{j-1}(A)dt + \int_{t_4}^{t_7} C_{j-1}(A)dt + \int_{t_4}^{t_7} C_j(A)dt + \int_{t_8}^{t_{10}} C_{j+1}(A)dt$$
$$= \int_{t_{10}}^{t_{11}} C_{j+1}(A)dt \qquad \langle 식3\text{-}26 \rangle$$

여기에서, $PTSO\text{-}E_p$ = 보행자가 주행차량에게 노출되는 전체 시간-거리량(m-초)

$$PTSO-E_p = \sum_j \{ \sum_i \int_{t_{i-1}}^{t_i} C_j(A)dt \} \qquad \langle 식3-27 \rangle$$

여기에서,

t_{i-1} = 보행자 P_j가 자동차 C_j에게 노출되기 시작하는 시각

t_i = 주행차량 C_j가 보행자 P_j를 추월하는(또는 마주쳐 지나가는) 시각

여기에서 〈식3-24〉~〈식3-27〉의 단위는 시간-거리량(m-초)이므로 시공간점유량의 의미에서 안전그림자의 폭원은 누락되어 있는 상태이다. 그러나 보행자가 주행차량에게 노출되는 정도는 안전그림자의 거리뿐만 아니라 폭원에 의해서도 영향을 받으므로 안전그림자의 폭원도 고려한 시공간 노출량의 개념으로 개선할 필요가 있다.

〈그림3-15〉는 이를 위한 일반적인 개념도를 나타낸 것이다. 〈그림3-15〉에서 수직축은 어떤 교통수단의 구간통과 평균속도에 의한 공간 점유량이며, 수평축은 어떤 교통수단이 주어진 도로구간에 들어와서 통과할 때까지의 시각을 나타내는 추이이므로 시간 점유량을 의미한다. 간단한 예를 들기 위해 〈그림3-14〉에서 보행자 P_{j-1}가 주행차량 C_{j-1}과 C_{j+1}에게 노출되어 있는 상태를 〈그림3-15〉에 예시하기로 한다. 보행자 P_{j-1}는 시각 t_0에는 이미 상정된 도로구간에 진입하여 있고, t_5의 시각에는 구간을 통과해 빠져나가며 구간을 통과하는 평균속도에 의해 Ap_{j-1}의 양만큼 공간을 점유하므로 그래프 상에서 Ap_{j-1}에 (t_5-t_0)를 곱한 직사각형 면적은 보행자 P_{j-1}가 소비하는 시공간 점유량이 될

것이다. 한편, 자동차 C_{j-1}의 경우시각 t_1에 진입하여 t6에 빠져나가며, 자동차 C_{j+1}의 경우는 시각 t_8에 진입하여 tn에 빠져 나가므로 이들 역시 각각의 평균속도에 따라 공간 점유량은 Ac_{j+1}, Ac_{j-1}이 되며 Ac_{j+1}과 Ac_{j-1}에 (t_6-t_1)과 (t_n-t_8)을 곱한 각 직사각형의 면적이 이들 주행차량들이 구간을 통과하면서 소비하는 시공간 점유량이 될 것이다.

그러나 보행자 P_{j-1}가 각 주행차량에게 노출되는 시공간 노출량은 보행자가 주행차량의 안전그림자 영역에 들어가게 되는 $(t_5 - t_4) \times Ac_{j-1}$, $(t_9 - t_8) \times Ac_{j+1}$의 면적을 의미하는 굵은 괘선의 직사각형들이 될 것이다. 이것을 일반식으로 표현한 것이 <식3-28>이다.

$$PTSO-E_{pj-1} = \int_{t_4}^{t_5} A_{j-1}(V_{j-1})dt + \int_{t_8}^{t_9} A_j(V_{j+1})dt$$
$$= A_{Cj-1} \times (t_5 - t_4) + A_{Cj+1} \times (t_9 - t_8) \qquad \text{<식3-28>}$$

여기에서,

$PTSO-E_{pj-1}$ = 보행자P_{j-1}이 자동차C_{j-1}과 C_{j+1}에게 노출되는 시공간 노출량(m^2-초)

$A_{j-1}(V_{j-1})$ = 주행차량 C_{j-1}가 안전하게 주행할 수 있기 위한 안전그림자 면적; 공간 점유량(m^2)

<그림 3-15> 시공간도를 이용한 시공간노출량의 기본적 개념

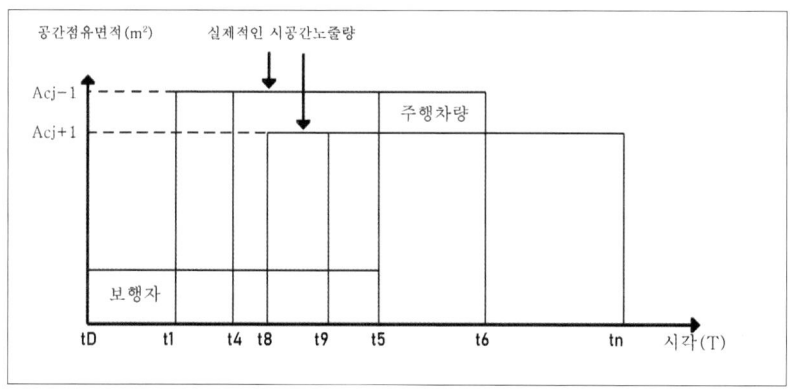

$A_{j-1}(V_{j-1})$ = 주행차량 C_{j+1}가 안전하게 주행할 수 있기 위한 안전그림자 면적; 공간 점유량(m^2)

$(t_5 - t_4)$ = 보행자P_{j-1}가 자동차C_{j-1}에게 노출되어 있는 시간(초)

$(t_9 - t_8)$ = 보행자P_{j-1}가 자동차C_{j+1}에게 노출되어 있는 시간(초)

Ac_{j-1} = 주행차량 C_{j-1}의 평균속도에 의한 안전그림자 면적; 공간 점유량(m^2)

Ac_{j+1} = 주행차량 C_{j+1}의 평균속도에 의한 안전그림자 면적; 공간 점유량(m^2)

따라서 보행자P_j, P_{j-1}이 주행차량에게 노출되는 전체적인 시공간 노출량은 <식3-29>와 같이 표현할 수 있으며, 이것은 다시 <식3-30>과 같이 일반화될 수 있다.

$$PTSO\text{-}EV_p = \int_{t_4}^{t_5} A_{j-1}(V_{j-1})dt + \int_{t_1}^{t_2} A_{j-1}(V_{j-1})dt$$
$$+ \int_{t_4}^{t_7} A_j(V_j)dt + \int_{t_8}^{t_9} A_{j+1}(V_{j+1})dt + \int_{t_{10}}^{t_{11}} A_{j+1}(V_{j+1})dt \quad \text{<식3-29>}$$

여기에서, PTSO-EVp = 보행자가 주행차량에게 노출되는 전체 시공간노출량(m^2-초)

$$PTSO\text{-}EV_p = \sum_j \{ \sum_i \int_{j_i}^{i} A_j(C_j)dt \} \qquad \langle 식3\text{-}30 \rangle$$

시공간 폭로량을 이용한 보차혼합도로의 안전성 평가 적용 사례

 어떤 도로 구간에서 이와 같은 시공간 노출량을 이용하여 보차혼합도로의 안전성을 평가한 사례를 예시한다. 특정 도로구간에서 시공간 노출량을 구하기 위해서는 주행차량과 보행자 각각에 대한 평균속도를 조사하여 계산하는 것이 바람직하지만 데이터의 속성이 첨두시 한 시간 동안의 주행차량 및 보행자의 통행량, 평균속도 등 집계데이터뿐일 경우는 편의상 〈식3-30〉을 〈식3-31〉처럼 일반화하여 사용하기로 한다. 물론 주행차량의 평균 공간점유량은 차량의 속도, 크기(차종), 운전태도에 또한 위험도는 보행자의 속도, 개인속성(연령, 운동능력, 화물 소지 유무)에 따라 다르겠지만 본 연구에서는 데이터의 제한상 구간별 주행차량의 평균속도, 트럭과 승용차의 2개 차종, 보행자의 속도는 시속 4km, 주행차량과 보행자 등은 연속류 상태로 움직이고 있다고 가정하였다.

 〈식3-31〉에서 Ac(V)는 주행차량의 평균속도로부터 가정된 주행차량 한 대당 평균 공간 점유량이며, Pt는 보행자의 속도를 시속 4km로 가정했을 경우 구간을 통과하는데 소비하는 평균 시간 점유량이 된다. 그러므로 여기에 주행차량의 시간당 통행량 Q_c와 보행자의 시간당 통행량 Q_p를 곱하면 집계 데이터에 의한 양이지만 일정한 분석시간 동안 어떤 도로공간을 통과하는 보행자가 주행차량에게 폭로될 것이라고 예상되는 전체 시공간 노출량이 도출된다.

$$PTSO\text{-}EV_p = f\{Ac(V) \times P_t \times Q_p \times Q_c\} \quad \langle 식3\text{-}31 \rangle$$

여기에서,

$PTSO\text{-}EV_p$ = 분석시간 동안 보행자들이 주행차량에게 노출되는 전체 시공간노출량(m^2-초)

$Ac(V)$ = 주행차량의 평균 공간점유량(m^2)

P_t = 보행자가 어떤 도로구간을 통과하는데 소비하는 시간 점유당(초)

Q_p = 보행자의 통행량(인/시)

Q_c = 주행차량의 통행량(대/시)

그러나 <식3-31>에서 표현하고 있는 시공간 노출량은 노상주차의 영향은 고려하고 있지 않다. 말할 것도 없이 노상주차가 있는 경우와 노상주차가 없는 경우 주행차량의 통과시 보행자가 느끼는 위험감은 같은 시공간 노출량일지라도 다를 것이므로 도로구간을 점유하고 있는 노상주차의 양도 고려해야만 할 것이다. 그러나 여기서 노상주차가 미치는 위험감과 주행차량이 미치는 위험감은 다를 것이므로 별도로 연구가 필요하나 본 연구에서는 일단 단위구간 연장 당 노상 주차량을 <식3-32>에서와 같이 상수의 형태를 띤 하나의 가중치로써만 부여하기로 한다.

$$\text{PTSO-EV}_{pa} = f\{Ac(V) \times P_t \times Q_p \times Q_c \times Q_{pa}\} \quad \langle\text{식3-32}\rangle$$

여기에서,

PTSO-EV_{pa} = 노상주차의 양도 고려한 경우 분석시간 동안 보행자들이 주행차량에게 노출되는 전체 시공간 노출량(m^2-초)

Q_{pa} = 단위 구간당(10m)의 노상주차의 량

표3-10은 제안된 시공간 노출량을 이용해 안전성 모델을 만들고 모델의 적합도를 검증한 결과이다. 회귀분석 결과 위험도와 가장 높은 상관을 보여주는 변수는 시공간 노출량이 0.75로서 보행자량과 자동차량을 곱한 값에 로그 값을 취한 로그교착도의 0.66보다 더 높은 상관관계를 보여주었다.

표3-10 위험의식량과 링크특성간의 상관계수

구 분	①	②	③	④	⑤	⑥	⑦	⑧	⑨
위험도(①)	1	0.6	0.66	0.38	0.42	0.33	0.27	0.75	0.53
도로의 폭(②)		1	0.76	0.75	0.62	0.59	0.51	0.75	0.70
로그교착도(③)			1	0.82	0.78	0.62	0.68	0.93	0.69
차교통량(④)				1	0.80	0.71	0.77	0.66	0.56
보행자량(⑤)					1	0.22	0.56	0.64	0.46
시공간 점유량 속도(⑥)						1	0.48	0.53	0.52
시공간 점유량(⑦)							1	0.52	0.44
시공간 노출량(⑧)								1	0.69
연도이용(⑨)									1

참고문헌(Endnotes)

1) Fruin, J.J., Pedestrian planning and design, 1987
2) Jan Gehl and Brigitte Svarre, How to study public life, Island Press, 2013
3) 홍해리, 김동은, 서동구, 황현배, 권영진, 고령자 피난안전을 위한 군집형성시 수평적 보행속도 조사연구, 한국화재소방학회 춘계학술발표대회 2010.
4) 서동구, 황은경, 권영진, 성능적인 피난안전설계를 위한 군집형성시 보행속도 조사연구, 대한건축학회논문집 계획계 제26권, 2010
5) Fruin, J.J., Pedestrian planning and design, 1987
6) Zupan, J. M., and B. Pushkarev. Pedestrian Travel Demand. In Highway Research Record 355, HRB, National Research Council, Washington, D.C., 1971, pp. 37 - .53.
7) Benham, J., and B. G. Patel. A Method for Estimating Pedestrian Volume in a Central Business District. In Transportation Research Record 629, TRB, National Research Council, Washington, D.C., 1977, pp. 22 - .26.
8) Schneider, R.J., Arnord, L.S., Ragland, D.R., Pilot model for estimating pedestrian intersection crossing volumes, Transport Research Record, No.2140. 2009.
9) Noah Raford·David R. Ragland(2003), 「Space Syntax: An Innovative Pedestrian Volume Modeling Tool for Pedestrian Safety」, Transportation Research Record: Journal of the Transportation Research Board, No. 1878, pp.66-74
10) A Penn·B Hillier·D Banister·J Xu(1998), "Configurational modelling of urban movement networks", Environment and Planning B: Planning and Design 1998, volume 25, pp.59-84
11) Raford, N., and D. Ragland. Space Syntax: Innovative Pedestrian Volume Modeling Tool for Pedestrian Safety. In Transportation Research Record:Journal of the Transportation Research Board, No. 1878, Transportation Research Board of the National Academies, Washington, D.C., 2004, pp. 66 - .74.
12) 김영욱·한상진·임현식·신행우(2005), "보행네트워크 분석을 통한 보행량 예측 방법 연구 -Space Syntax 기법을 활용하여-", 대한교통학회 제 48회 학술발표회
13) Singleton, P.A. and Clifton, K.J. (2012) Pedestrians in regional travel demand forecasting models: State-of-the-Practice, Presented at 92th Annual Meeting of the Transportation Research Board, Washington D.C., 2013
14) Clifton, K. J., C. V. Burnier, S. Huang, M. W. Kang, and R. Schneider. A Meso-Scale Model of Pedestrian Demand. Presented at Fourth Joint, Meeting of the Association of Collegiate Schools of Planning and the Association of European Schools of Planning, Chicago, Ill., July 6 - .11, 2008.
15) Schadschneider, A., Klinsch, W., Klupfel, H., Kretz T., Rogsch C., Seyfried A., Evacuation Dynamics: Emprical results, models and applications, In: Encyclopedia of complexity and System Science, B. Meyers (Ed.), Germany, Springer, 2008
16) AJi, S.; Nishno, K.; Manocha, D.;Shah, M., Modeling, Simulation and Visual Analysis of Crowds- A multidisciplinary perspective, Springer, 20131.
18) Benz G. P.(1986), "Applications of the Time-Space Concept to a Transportation Terminal Waiting and Circulation Area", TRR 1054, TRB, National Research Council, Washington, D.C.,pp.16-22
19) Bruun, E.(1992), "The Calculation and Evaluation of the Time-Area Parameter for Any Transpor-tation Mode", Ph. D. dissertation, Department of Systems Engineering, University of Pennsylvania, Philadelphia, pp.6-16
20) Bruun, E , Vukan V.(1994), "Time-Area Concept: Development, Meaning, and Applications", TRR 1499, TRB, National Research Council, Washington, D.C., pp.95-104
21) Jin, Ohta, Harata(1997), "A Study on Operating Conditions and Calculation of Appropriate Fee of Residential Parking Permit Program in Seoul-Based on A Concept of Time-Space Occupancy-", ISCP, pp.471-479
22) Nakagawa, Y., Yamanaka, H., Takada Y.(1988), "Residents' evaluation and demand for impro- vement of streets environments in residential areas", Journal of Civil Engineering and Planning 11, pp.527-534.
23) TRB(1980), "Transportation Research Circular212: Interim Materials on Highway Capacity", National Research Council, Washington, D. C., pp.115-147
24) Tsukaguchi, H., Mori, M.(1987), "Occupancy indices and its application to planning of residential streets", Journal of Civil Engineering and Planning 4-7, pp.141-144.
25) Tsukaguchi, H., Kuroda, H., Yajima, T. and Tanaka, K.(1989),"Evaluation of level of service of residential streets based on occupancy concept", Journal of Civil Engineering and Planning 7, pp.219-226.
26) 서울시정개발연구원(1995), "지구도로설계운영지침에 관한 연구", pp.120-126
27) 山中英生(1994), "生活道路の具備すべき條件"「交通工學」,第29卷第3
28) 보차혼합도로에서 시공간노출량 지표에 관한 연구', "대한교통학회지 제18권 제4호(통권50호)", 1999. 6., pp.105-114
29) 진장원, 보차혼합공간에 있어서 교통환경평가지표에 관한 연구, 동경대학 박사학위청구논문, 1998

제4장
보행환경 계획 및 설계

제4장 보행환경 계획 및 설계

4.1 보행환경 개선사업 개요

보행환경의 문제점

도시부 도로는 간선도로, 집분산도로, 접근도로 등 기능적으로 위계를 갖는다. 이 중에서 보행환경은 접근도로에서 문제가 크다. 간선도로나 집분산도로는 보도가 충분히 갖추어지는 경우가 많지만 건물을 연결하는 접근도로 (혹은 생활도로, 국지도로로도 불림)에서는 보도가 없는 경우가 많기 때문이다. 특히 단독주택지구에서는 보도가 별도로 고려되지 않는 보차혼용도로가 일반적이다. 이런 도로에서 보행자의 안전성이나 편리성은 외면된다. 법적으로도 주택가 생활도로에서 보행자는 차가 오면 길을 양보해야 한다. 도로교통법 상 생활도로라 하더라도 사람보다 차에게 통행우선권이 있기 때문이다.[27]

주택가 생활도로에서는 주차차량이 도로공간을 잠식하면서 화재 등 위급한 상황에서 소방차의 진입이 곤란한 경우도 종종 발생한다. 이런 무질서한 주차는 특히 밤이 되면 심각해진다. 단독주택의 경우

---

[27] 도로교통법 제8조 "보행자는 보도와 차도가 구분되지 아니한 도로에서는 차마와 마주보는 방향의 길가장자리 또는 길가장자리구역으로 통행하여야 한다." 즉, 생활도로에서 차를 피해 통행해야 함을 의미한다.

차량의 주차는 주택 내 차고에서 이루어지는 것이 원칙이지만 차량을 소유하는 가구가 크게 늘어나면서 필지를 벗어나 공공도로에 주차하는 차량이 많아졌기 때문이다. 심한 경우 주차공간을 못 찾으면 보도에 주차하기도 한다. 특히 일반주거지역의 경우 다세대 혹은 다가구 주택이 크게 늘어나 주택내 차고만으로 주차 수요를 감당하기 어려워졌다.[28] 이런 주차문제는 상점이나 식당 등 근린생활시설이 밀집한 곳에서 더욱 심각하다. 거주하는 사람뿐만 아니라 근린생활시설을 이용하려는 사람들도 주차할 곳을 찾아야하기 때문이다.

주택가 생활도로는 차량만을 위한 공간이라 해도 과언이 아니다. 차가 많지 않던 시절에는 집 앞 도로가 이웃 간 교류 및 휴식, 아이들의 놀이 공간 역할을 했지만 이젠 더 이상 이런 역할을 기대하기 어렵다. 이런 문제가 지난 30여 년 동안 우리나라의 거의 모든 단독주택지구에서 나타났지만 최근에 새로 조성된 신도시 단독주택지구에서도 이런 문제는 반복되고 있다.

보도가 갖추어진 일반도로라 하더라도 보행하기에 불편한 경우는 많다. 보도 위에 육교 및 지하도 출입구, 가로수, 전신주, 분전반, 신호등 지주 및 제어기 등이 설치되어 최소한의 유효 보도폭(2.0m)이 확보되지 않는 경우가 많다. 공사를 위한 자재의 적재 공간이 되기도 하고, 가판대 등 옥외 광고물이 설치되기도 한다. 이러한 보행 지장물은 보행량이 많을 경우 사람들을 보도가 아닌 차도로 밀어내는

---

28) 이에 더해 도시형 생활주택으로 분류되면 가구수의 70% 정도의 주차면만 확보해도 되는 경우도 최근 많아졌다.

원인이 되기도 한다. 건물로 진출입하는 차량을 위해 보도를 단절시키는 경우도 많다. 보도에 접한 건축선 후퇴부(셋백, setback)에 주정차하는 차량은 보도를 침범하는 것이 당연시되고 있다. 특히 건축선 후퇴부에 상점이나 식당이 위치한 경우 셋백 공간은 주차장으로 이용되는 경우가 흔하다.

교통약자에 대한 배려도 부족한 편이다. 보도의 경사가 기준(종단 1/18, 횡단 1/25)이상으로 가파른 경우, 연석의 단차가 지나치게 큰 경우가 자주 발견된다. 횡단보도 등에 설치되는 턱낮춤도 기준치(2cm)보다 높은 경우도 있다. 이런 경우에는 휠체어를 이용하는 교통약자가 불편을 느끼게 되며 넘어지거나 다칠 위험이 있다. 유모차를 끌고 가기도 어렵다. 보도의 미끄러운 포장 및 파손, 돌출된 맨홀 등은 교통약자의 통행에 심각한 위험을 초래하기도 한다. 차량진입억제용 말뚝(bollard)이 기준(높이:80cm~100cm, 지름:10cm~20cm)보다 낮게 설치되거나 돌 등의 강성 재질로 만들어질 경우 시각장애인의 부상을 유발하기도 한다.

보행자가 도로를 횡단하는 것도 불편하다. 횡단보도 설치 간격이 길고, 꼭 필요한 곳에 설치되지 않아 보행자가 멀리 돌아서 횡단해야 하는 경우가 많다. 최근에는 점차 사라지고 있지만 4지 교차로에 횡단보도가 3개만 설치된 곳이 종종 있다. 주된 이유는 횡단보도가 있을 경우 차량소통에 지장이 되기 때문이다. 육교, 지하도 등 교통약자가 이용하기 불편한 횡단시설을 설치하는 것도 차량 중심적 사고에서 탄생한 것들이다. 다행히 서울 등 일부 도시에서는 이런 입체 횡단시설을 줄여나가고 있다.

한번 녹색신호를 놓치면 다음 신호까지 오래 기다려야하기 때문에 무리하게 횡단을 시도하는 사람도 많다. 지금 신호를 놓치면 120초~150초를 또 기다려야하기 때문에 깜박이는 녹색신호에서도 횡단을 시도한다. 사실 이렇게 신호주기가 긴 이유는 넓은 광로 위주의 도시개발과도 관련 있다.[29] 가령 10차로와 10차로 도로가 만나는 교차로에서 신호시간 설계를 할 때 보행자가 횡단하는데 필요한 시간만큼은 녹색시간을 확보해 주어야 한다. 그런 시간을 방향별로 고려하다보면 신호주기가 길어질 수밖에 없다. 여기에 더해 도로가 넓은 만큼 차량들은 교차로에 가까워도 속도를 줄이지 않는다. 보행자처럼 이번 신호를 놓치면 다음 녹색신호까지 오래 기다려야하기 때문이다. 이 때문에 빠른 속도로 교차로를 질주하는 차량이 많다. 급하게 횡단하려는 보행자와 빠른 속도로 진입하는 차량은 신호주기가 길수록 늘어나고 그만큼 차량과 보행자 사이의 충돌 위험이 커진다.

우리나라의 도로 중에는 보행량이 많음에도 불구하고 보도가 제대로 갖추어지지 않은 경우도 많다. 대체로 지방의 오래된 소도시 중심도로가 그러하다. 중심도로 주변으로 상가가 개발되거나 장이 서지만 보도가 확보되지 않아 차를 피해 길 가장자리를 걸을 수 밖에 없다. 하지만 길가는 주차차량, 가판대, 입간판 등 때문에 걷기에

---

29) 광로 위주의 도시개발은 사람들이 차량의 높은 속도와 원활한 차량 소통을 기대 때문에 생겨났지만 고속도로가 아닌 도시 내부에서는 넓은 교차로가 만들어지고 신호주기가 늘어나 오히려 전체적으로 효율이 떨어질 수 있다는 주장도 있다.

불편하다. 인적이 드문 국도나 지방도의 경우도 보도가 없거나 횡단시설이 부족해 문제가 되는 경우가 많다. 특히 도로 양 옆으로 마을이 있는 경우 보도가 없는 도로 주변을 걷거나 횡단하다가 불의의 사고를 당하는 경우가 있다. 이 밖에도 도로 주변의 건축물 공사로 보도가 차단되기도 한다. 주로 건축자재를 보도에 적재하는 경우가 많기 때문이다. <그림 4-1>은 우리나라 보행환경의 문제점을 정리한 것이다.

〈그림 4-1〉 보행환경의 문제점

차가 점유한 주택가 생활도로

set-back 공간의 주차장화

보행 장애물

교통약자에 대한 배려부족

횡단보도의 신호부족 　　　　차량도로의 보도 미확보

 이러한 보행환경의 문제점들은 보행자들의 안전성, 편리성, 쾌적성을 심각하게 위협한다. 그 결과 우리나라는 교통사고 사망자 중에서 보행자가 차지하는 비중이 경제개발협력기구(OECD) 회원국 중에서 38.8%(2015년 기준)로 가장 높다. 그리고 이러한 보행자 교통사고 사망자 중 64.2%(2016년)가 폭 13m 미만의 도로 특히 생활도로에서 사고를 당하는 것으로 보고되고 있다. 생활도로 중심으로 보행환경을 바꿔야 함을 잘 보여주는 통계이다.

보행환경 개선사업의 개념

 차로부터 안전하고 편리하며, 쾌적하게 걸을 수 있는 환경은 도시에 살고 있는 모든 사람에게 필요하다. 사람들은 누구나 차를 운전하거나 탑승자가 되기도 하지만 차에서 내리면 보행자가 된다. 혹은 어려서는 어린이의 입장에서 도로를 이용하고 나이가 들면 노인의 입장에서 도로를 이용한다. 따라서 보행자를 위한 정책은 특정 계층만을 위한 정책이기보다 모든 사람을 위한 정책으로 이해할 필요가 있다.

사람 중심의 보행환경을 조성하기 위한 노력의 시작은 네덜란드의 본엘프(Woonerf)에서 찾을 수 있다. 본엘프는 '삶의 마당'(living yard)이라는 뜻으로 1972년 델프트에서 시작되었다. 이 도시의 주민들은 통과교통의 진입을 막기 위해 집 앞 도로에 화분 혹은 돌 더미 등을 설치하였다. 이후 1975년 본엘프가 적용되는 도로에서 보행자는 도로 한가운데를 걸을 수도 있고 어린이가 놀 수도 있는 공간으로 법적인 지위를 보장받게 된다. 이는 차가 보행자 등 사람에게 주의를 기울여 운전해야 함을 의미한다.

본엘프는 이미 조성된 주택가 생활도로에서 통과교통을 배제하면서 주민의 생활환경을 개선했다는 측면에서 큰 의미를 지니며 이후 네덜란드뿐만 아니라 홈존(Home Zone), 속도 30 (Temp 30), 커뮤니티 도로 등 다른 이름으로 영국, 독일 등 유럽국가와 일본으로 확대되었다. 최근에는 공유공간(Shared Space)라는 이름으로 차와 보행자가 도로 공간을 같이 나누어 쓰는 도로 설계 개념으로 발전하고 있다. 우리나라에서는 보차공존도로(1988)라는 이름으로 개념이 소개된 이후 '걷고싶은거리 만들기' 사업(1998), 보행우선구역 사업(2008) 등의 이름으로 계속 확대되고 있는 추세이다.

협의적으로 보행환경개선사업이라 함은 보도, 대기공간, 계단, 광장, 에스컬레이터, 엘리베이터 등 보행자들이 이용하는 시설의 개선을 의미할 수도 있으나 이 책에서 보행환경개선이라 함은 본엘프와 그 이후 등장한 보행자 중심의 생활도로 조성사업을 의미한다[1]. 우리나라의 보행환경개선 사업은 2008년부터 '교통약자이동편의증진법'에 근거하여 수행되었던 보행우선구역사업이 대표적이다. 이후 2012년 시행된 '보행안전및편의증진에관한법률'에 의거하여 2013년부터 「보행환경개선지구」의 지정 및 「보행환경개선사업」도 추진되고 있다.

보행환경개선사업은 신도시를 만들거나 재개발 혹은 재건축 등 새롭게 도시환경을 개선할 때도 적용할 수 있다. 도시계획 및 설계단계부터 보행자에게 쾌적하고 안전한 공간, 편리한 보행자 동선, 공공 주차면 관리 등을 고려할 수 있다면 보행자 중심의 생활도로를 용이하게 만들어낼 수 있다. 기존 도시의 경우는 주차면 이설 등과 관련하여 갈등의 소지가 높아 사업 추진이 어렵다. 이는 공공 주차면 관리 등이 이루어질 수 있다면 기존 도시에서도 보행환경개선 사업이 잘 이루어질 수 있음을 의미하기도 한다.

보행환경 개선사업의 의의

보행환경개선 사업은 도시의 주인이 차가 아니라 사람이라는 점을 명확히 하는 측면에서 의미를 갖는다. 보행환경개선 사업을 통해 생활도로가 차의 공간이 아닌 이웃 간의 소통, 어린이들의 놀이터, 문화의 장으로 변모해나갈 수 있다. 걷기 좋은 도시에서 사람들은 걷기를 더 선호하게 되고 그만큼 불필요한 차량 통행량도 줄어들게 된다. 이렇게 차량이용이 줄어들면 사람들의 건강도 증진되는 선순환 구조를 만들어 낼 수 있다.

상가가 밀집한 도로가 보행자 중심으로 바뀌는 경우 상권이 더욱 활성화될 수도 있다. 사람이 많은 곳에서 사람들의 소비는 촉진된다. 혹은 도시에서 문화 및 역사 유적지, 고궁 등 명소를 잇는 도보 관광 코스를 만들고 이런 경로를 보행자 친화적으로 바꾸어간다면 관광 활성화에도 기여할 수 있다. 실제로 런던, 파리, 로마, 서울 등 역사와 문화를 간직한 많은 도시들에서 도보관광은 지속적으로 활성화되고 있다. 한편, 사람 중심의 도시 환경에 거주하는 사람들은 세련되고 품격 있는 도시에서 살고 있다는 자부심을 느낄 수도 있다.

보행환경 개선사업의 절차

보행환경개선사업은 일반적으로 대상지 선정, 현황조사 및 문제점 분석, 목표 및 전략수립, 기본계획 및 설계, 대안의 평가, 실시설계 및 사업시행의 순으로 이루어진다. 또한 계획의 모든 과정에서 주민의 의견을 반영하기 위한 주민참여도 절차상 중요하게 인식되고 있다.

<그림 4-2>는 보행우선구역사업을 사례로 보행환경개선사업의 일반적 절차를 보여준다.

<그림 4-2> 보행우선구역사업의절차 [2]

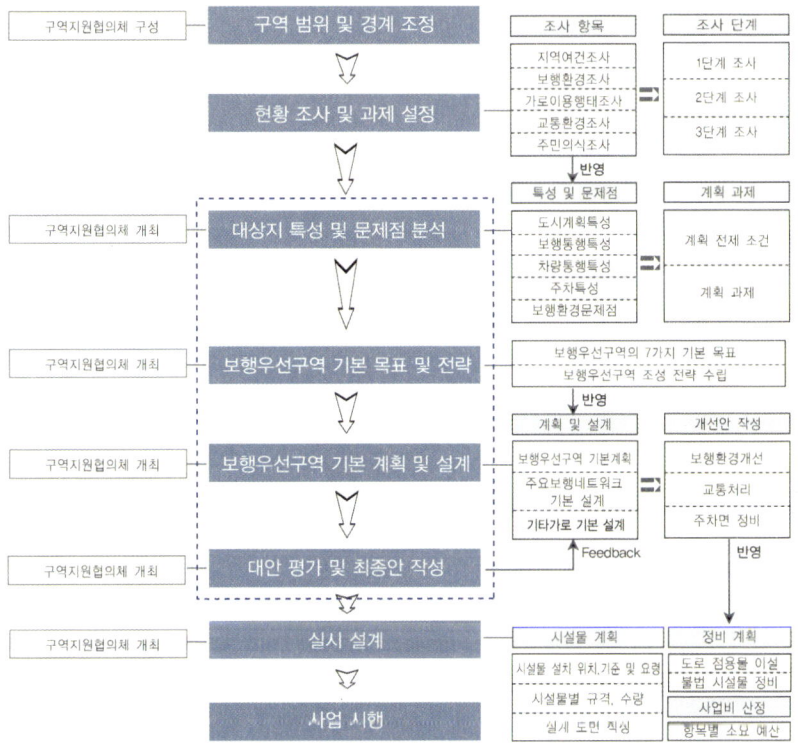

4.2 국내외 보행환경 개선사업

Woonerf

본엘프(Woonerf)는 네덜란드어로 '삶의 마당(living yard)'이라는 뜻을 지니며, 차량으로부터 마을을 안전하게 보호하고, 가로와 공공공간의 질적 개선을 위해 1970년대 네덜란드에서 도입되었다. 본엘프는 세계 최초의 보행환경개선 사업으로 1976년 법적인 지위도 확보하였다. 네덜란드 도로교통표지와 규제(RVV) 제44조에 따라 본엘프로 지정된 구역 내에서 보행자는 가로의 모든 횡단면을 사용할 수 있는 반면 차량은 본엘프 내에서 보행자의 보행속도보다 빨리 달릴 수 없으며 주차도 지정된 곳에서만 가능하다.

대부분의 본엘프는 공통된 핵심요소(key component)가 발견된다. 본엘프 구역으로의 진입을 인지할 수 있도록 구역의 진입부가 다르게 설계된다. 이는 운전자가 대상도로 진입시 '주인'이 아닌 '손님'이 됨을 의미한다. 도로에 곡선을 넣어 운전자의 감속을 유도하며 차량의 속도감속을 위한 여러 기법 및 시설을 적용하여 보행친화적 시설을 제공한다. 볼라드, 스트리트 퍼니쳐, 식재 및 다양한 노면포장 기법이 대표적이다. 보차혼용도로에서는 연석을 제거하여 운전자와 보행자가 동등한 높이에서 통행하게 한다. 본엘프에서 주차는 허용된 공간에서만 가능하다. 필요한 곳에 주차공간을 제공하기는 하나 항상 모든 차가 주차할 수 있는 것은 아니다. 본엘프 내의 최고속도는 시속

4~7km의 보행속도로 설정하며 보행자는 도로의 모든 폭을 사용할 수 있다. 특히 어린이는 도로 위에서 뛰어 놀 수도 있다. 본엘프에서 차량의 권리는 명백하게 사람의 권리보다 하위에 있다.

본엘프는 주거지역, 쇼핑구역, 도시중심부, 학교 및 철도역 주변 등 작은 구역에 제한적으로 적용되고 있으며 1999년 네덜란드에서만 6,000개의 본엘프가 지정 운영되고 있다. 이러한 도시부 도로설계 개념은 독일, 영국, 프랑스, 스위스, 일본 등 여러 국가들로 전파되었으며 교통정온화 사업(Traffic Calming), 공유공간(Shared Space), 속도제한구역(Low Speed Limit Zone) 등 사람 중심의 교통정책을 만들어내는데 선구적 역할을 했다.

〈그림 4-3〉 본엘프 사례(델프트, 네덜란드)

공유공간(Shared Space)

공유공간이라 함은 기존 설계방식에서 강조하는 차량과 보행자의 분리와 같은 규칙을 의도적으로 따르지 않음으로써 자동차 중심에서 벗어나 모든 도로 이용자가 장소를 공유하게 하고 이를 통해 보행자의 움직임과 편안함을 향상시킬 수 있도록 설계된 도로 및 장소를 의미한다[3]. 공유공간이라는 용어는 영국의 Hamilton-Baillie[4]가 만들었지만 그 개념은 1991년 네덜란드의 Hans Monderman(한스 몬더만)이 처음 제시하고 적용하였다. 공유공간의 핵심은 가로설계에서 보행자와 자동차의 공간구분을 최소화하여 도로에서 누가 우선권을 가지고 있는지 모르게 하는데 있다. 이렇게 하면 차량 운전자가 속도를 줄이게 되어 모든 도로 이용자가 혜택을 볼 수 있다는 것이다. 불확실성을 이용하여 차량 운전자의 경각심을 높일 수 있고 이렇게 되면 자연스레 모든 도로이용자가 안전할 수 있다는 의미이다. 영국의 공유공간 지침[5]에서는 공유를 촉진할 수 있는 네 가지 원칙을 제시한다.

· 차량의 속도를 줄이는 물리적, 심리적 조치를 마련

· 도로에서 차량이 보행자보다 우선한다는 느낌을 주는 모든 것을 제거

· 차량 흐름과 보행자 공간의 구분 억제

· 의자, 조형물, 카페 등 보행자가 공간을 이용하는데 도움이 되는 것을 가장자리 이외 공간에도 설치

공유공간이 성공할 수 있는 이유는 역설적이지만 도로 위의 교통 규제를 줄이면 오히려 안전해진다는데 있다. 가령 사람들은 안전하지 않다는 느낌이 들면 더 조심하게 되고 그만큼 사고가 덜 나게 된다. 낭떠러지가 있는 좁은 산악지대 도로를 가면 누구나 조심해서 운전하기 마련이다. 통행우선권이 누구에게 있는지 정확히 모를 경우 운전

자들은 다른 도로 이용자와 시선을 맞추기 위해 노력한다. 보행자 등 다른 도로 이용자가 어떻게 행동할지 알아야하기 때문이다. 그만큼 차량의 속도는 줄어든다. 한편, 도로 위에 너무 많이 설치되는 표지판, 노면표시 등은 운전자의 경각심을 떨어뜨리기 때문에 큰 효과를 볼 수 없다. 오히려 법규로 안전운전을 제어할 수 있다는 잘못된 인식만 확산시킬 수 있다. 교통안전표지가 많은 복잡한 도로에서 이를 모두 의식하며 운전하는 사람은 그리 많지 않기 때문이다. 하지만 도로 위에 통행 우선권을 제거하면 도로 위에서도 법이 아닌 사회적 규범 혹은 예의가 안전문화를 만들어낼 수 있다.

공유공간의 접근법은 시각 및 청각장애인 단체로부터 강한 반대를 받기도 했다. 이들 입장에서는 차량의 움직임을 전혀 예측할 수 없고 또한 운전자에게 자신의 움직임을 알리기 어렵기 때문에 더 위험하다고 주장한다. 즉 공유공간 이론에서 강조하는 운전자와 다른 도로이용자 사이의 눈 맞추기가 곤란하다는 주장이다. 한편, 사람을 배려하는 성숙한 교통문화가 없는 사회에서는 공유공간에 기반한 도로 설계가 오히려 사고를 높이지 않을까 우려하기도 한다. 따라서 공유공간의 개념은 다양한 도로이용자의 요구, 대상도로의 환경적 특성, 사람들의 문화적 특성 등을 고려해 탄력적으로 적용할 필요가 있다.

공유공간의 가장 대표적인 사례는 네덜란드 드라흐텐시 라바이플라인(Laweiplein) 교차로이다. 이 교차로는 공유공간 개념의 창시자인 몬더만의 작품이다. 공유공간 개념을 도입하기 전 라바이플라인 사거리는 하루에 차가 2만 대나 이용했고 나날이 정체가 심해지고 있었다. 이 교차로는 원래 광장이었는데 차량 중심의 도시로 바뀌면서 신호교차로로 바뀌었다. 몬더만은 처음 이 교차로를 신호등이 없는 원형교차로(Roundabout) 방식으로 변경만 해도 정체 문제는 크게 해소될 수 있을 것으로 기대했다. 하지만 그는 고민하다가 전통적인 광장의 형태와 원형교차로의 기능을 모두 갖춘 일명 광장교차로 (Squreabout: 광장인 square와 원형교차로 roundabout의 합성어)를 설계한다. 광장교차로는 무려 7년에 걸친 설계와 공사 끝에 세상에 공개되었는데 교차로에는 교통표시, 교통 신호등, 보도와 차도의 구분, 가드레일, 과속방지턱 등 일반적으로 나타나는 도로 시설물이 전혀 없었다. 단순히 네 개의 도로가 광장으로 이어졌고 가운데 작은 원 즉 회전교차로(roundabout)가 있을 뿐이다. 또 광장 쪽에는 여러 개의 분수대도 설치하였다. 다만 공간의 주인이 차가 아니라 사람이라는 느낌이 나도록 설계했다.

<그림 4-4>는 라바이플라인 교차로의 사전-사후 모습을 보여준다. 원형교차로와 진입로를 제외한 공간을 보행자가 이용할 수 있다. 기존보다 보행자우선공간이 크게 늘어나 보행자가 차보다 우선된 설계라는 것을 알 수 있다.

〈그림 4-4〉 라바이플라인 교차로의 광장교차로 설계(공유공간 개념)

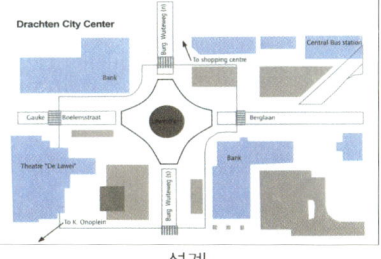

사전　　　　　　　　　　　　설계

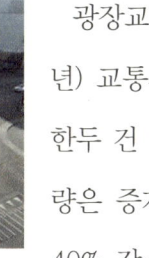

사후

광장교차로가 설치된 이후(2005년) 교통사고는 대물피해 사고만 한두 건 발생하는 정도이다. 교통량은 증가했지만 평균통행시간은 40% 감소했다. 버스의 도착시간 준수율도 높아졌다. 차량 운전자는 다른 운전자의 눈을 맞추면서 속도를 낮추어 운전했기 때문에 사고도 발생하지 않았고 교차로 지체시간도 줄어들게 된 것이다. 몬더만은 "아무리 교통량이 많아도 사람들은 분위기에 지배를 받아 거기에 어울리는 행동을 한다"고 한다. 처음 광장교차로를 방문하는 운전자는 신호등도 없고 교통표지판도 없어 어떻게 운전할지 몰라 당황할 수 있지만 곧 다른 운전자가 어떻게 하는지 보고 따라하게 된다. 아울러 속도가 시속 30km 이하로 낮아 보행자 등 다른 도로이용자와 시선교환도 가능하다. 이처럼 저속에서 교통신호등이 없으면 운전자는 스스로 책임 있는 행동을 하게 된다. 이밖에도 런던의 Kensington High Street, Seven Dials 교차로 등이 공유공간의 개념이 성공적으로 적용된 사례이다.

완전도로(Complete Streets)

완전도로(Complete Streets)란 자동차뿐만 아니라 보행자, 자전거, 대중교통 등 모든 도로 이용자가 안전하게 이용할 수 있는 도로를 의미한다. 대신 기존의 자동차 중심의 도시부 도로설계를 불완전한(incomplete) 도로로 규정한다. 자동차 이외의 다른 도로 이용자에 대한 고려가 빠졌기 때문이다. 완전도로는 사람들의 안전성, 건강성, 형평성, 심미성, 경제성, 환경성, 거주 적합성(livability) 등을 목표로 설계된다. 이러한 도시부 도로설계 개념은 미국의 연방법(Title 23 USC 217)에 근거하여 광범위하게 확산되고 있다. 이 법에서는 가급적 모든 도로에 자전거 시설과 보행자 도로가 고려되어야 한다고 규정하고 있다. 완전도로에 대한 설계지침은 New Haven 시의 'Complete Streets Design Manual'과 노스캐롤라이나 Charlotte 시의 'Urban Street Design Guidelines'가 대표적이다[6].

〈그림 4-5〉 완전도로의 사례

완전도로에 흔히 사용되는 설계기법에는 보행자 횡단시설(고원식 횡단보도, 차도폭 줄임 등), 보행자 대기공간(벤치, 쉘터 등), 자전거도로, 길어깨 확폭, 버스우선차로, 차량 진출입구 최소화, 속도제한 등이 있다. 설계 내용적으로는 유럽에서 시작된 Woonerf, 공유공간(Shared Space) 등과 비슷하다. 하지만 완전도로는 도로 그 자체만을 대상으로 하는 설계개념이기 보다 주변 토지이용계획과 연계, 네트워크 차원의 연결성 등도 같이 강조하고 있다. <그림 4-5>는 잘 정비된 완전도로의 사례를 보여준다.

홈존(Home Zone)

홈존(Home Zone)[7]은 영국에서 시행하는 보행환경개선사업으로 네덜란드 본엘프 개념에 기반을 두고 있으며 도로에서 차량 및 보행자 이동뿐만 아니라 다양한 사회적 활동을 강조한다. 홈존은 영국의 교통법(Transport Act)에 근거하여 지정이 가능하며 첨두시 교통량이 시간당 100대 미만이면서 총 연장이 600m 미만인 도로에 대해 지정할 것을 권장한다.

홈존에서의 주요 설계내용으로는 과속방지턱, 고원식교차로, 지그재그 형태의 도로 등 교통정온화기법, 주차면 정비, 차량 통행 제한, 노면포장, 식수, 놀이기구 및 벤치 설치 등이 있다. Horsham, Halifax 등 많은 곳에서 홈존 사업이 성공적으로 수행되었다. <그림 4-6>는 홈존의 사례를 보여준다.

〈그림 4-6〉 Home Zone 사례

미팅존(Meeting/Encounter Zone)

미팅존(Meeting/Encounter Zone)[8]은 영국의 홈존, 네덜란드의 본엘프에 대응하는 스위스의 보행우선구역 사업이다. 네덜란드 본엘프의 효과가 입증되면서 스위스에 1980년대 초부터 도입되기 시작했으며 2001년까지 본엘프의 원리가 그대로 적용되었으나 2002년 1월 1일 스위스의 도로법(스위스의 표지 규정(SSV) RS 741.21)에 미팅존이라는 이름으로 독자적인 모델을 개발하였다.

〈그림 4-7〉 스위스 미팅 존 사례

미팅존에서 보행자는 차등 다른 도로 이용자보다 우선권을 가지며 차량속도는 시속 20km로 제한한다. 또한 주차표시가 되어 있는 곳을 제외하고는 구역 내에 주차할 수 없다. 하지만 보행자 역시 고의적으로 차량의 소통을 방해해서는 안 된다. 미팅존은 Zentralplatz 등 여러 곳에서 적용 중이다. <그림 4-7>는 미팅존을 예시하고 있다.

커뮤니티존(Community Zone)

커뮤니티존[9]은 1982년 일본에서 설치된 커뮤니티도로 개념을 면차원으로 확대한 것이다. 한 개의 도로구간 뿐만 아니라 네트워크 혹은 면차원에서 차보다 보행자의 통행을 우선하는 지구를 지정하고 관리하는 개념이다. 커뮤니티존에서는 보행자의 안전성·쾌적성·편리성 향상을 위한 면차원의 종합적인 교통대책을 펼친다. 커뮤니티존 내부의 도로가 『도로교통법』에서 정하는 별도의 법적 효력을 가지는 것은 아니다. 주로 주거환경정비사업, 연도환경정비사업, 심볼 로드 정비사업, 상점가 진흥정비 특별사업 등 일본의 가로환경정비 사업과 연계하여 조성된다. 이런 측면에서 정부예산 지원과 각종 교통시설의 예외적인 도입은 특별법의 성격을 지니고 있는 『교통안전시설등정비사업에 관한 긴급조치법』에 의해 진행되었다.

커뮤니티존의 설계는 존 내부를 통과하는 교통량을 최대한 억제하고 차량의 주행속도를 감소시켜 보행자와 자전거 특히 어린이, 장애인, 고령자 등 교통약자의 안전성을 확보하는데 역점을 둔다. 또한 존 내부에서 불법주차 및 도로의 부적절한 점용을 억제한다. 차량의 속도를 줄이기 위해 시각적으로 도로폭이 좁아 보이거나 과속방지턱이 실제로 있는 듯 보이도록 하는 이미지 기법이 종종 이용되기도 한다. 커뮤니티존은 미타카 등 일본의 여러 도시에서 적용되었다.

<그림 4-8>은 커뮤니티존의 사례를 보여준다.

<그림 4-8> 커뮤니티존 사례

존 30

존 30은 도로이용자로서 보행자의 보행권을 확보하고 교통사고 위험으로부터 안전하고 쾌적한 보행환경조성을 위하여 차량의 최고속도를 시속 30km로 규정하는 지구단위의 생활권역을 말한다. 최고 속도를 시속 30km로 제한한 것은 차량 운전자가 급제동시 10m 이내에서 정지할 수 있고 정지거리가 짧은 만큼 보행자가 차량과 충돌하더라도 사망 가능성이 크게 낮아지기 때문이다. 같은 네덜란드에서도 존 30은 본엘프에 비해 범위가 넓다. 존 30 사업의 목적이 비용을 최소화하면서 차량의 주행속도를 낮추는데 있기 때문이다.

즉, 본엘프가 특정한 도로구간을 대상으로 사업이 이루어진다면 존 30은 보다 광범위하게 주택가 전체를 대상으로 하는 경우가 많다. 존 30에서도 속도제한 표지와 과속방지턱 등 물리적 속도저감시설이 설치되기는 하지만 본엘프처럼 다양한 시설 설계를 고려하지는 않는다.

네덜란드에서는 1983년부터 존 30 사업을 벌여왔으며 2008년까지 전체 주거지역 도로의 85%가 지정되었다. 독일, 스위스에서는 'Temp 30'이라는 이름으로 시행되고 있다. 프랑스 파리는 2010년 초반부터 주거지역을 모두 존 30으로 지정한다는 장기 계획을 가지고 점진적으로 시행하고 있다.

보행우선구역

우리나라에서도 다양한 보행환경 개선사업이 전개되어 왔다. '걷고싶은거리 만들기 사업'은 1990년대 서울시를 시작으로 지방의 여러 시·도까지 전파되었다. 2000년 초반 주택가 이면도로의 주차면 정비를 통해 생활환경을 개선하기 위한 녹색주차마을(Green Parking) 사업도 보행환경 개선에 일조하였다. 도시의 상징거리를 조성하기 위해 기존의 차량 중심도로를 보행자전용도로로 탈바꿈시키는 경우도 있었다. 가령, 서울시 인사동길은 1997년부터 토요일, 2003년부터는 토요일뿐만 아니라 일요일까지 차 없는 거리로 운영되고 있다. 하지만 이러한 과거의 보행환경 개선사업은 특정 도로구간만을 대상으로 선적인 정비에 치중하였다. 때문에 우리나라에서도 생활권역을 대상으로 네트워크 차원의 보행환경개선 사업이 필요하다는 주장이 제기되었다. 2007년 시작된 보행우선구역사업은 이런 차원에서 시작되었다.

보행우선구역이란 차보다 보행자가 통행의 우선권을 갖는 보행우선도로가 주요시설 및 장소를 유기적으로 연결하는 보행자 중심의 생활구역을 의미한다. 법적근거는 「교통약자의이동편의증진법」제18조이다. 즉, 보행우선구역 사업은 보행자가 안전하고, 편리하며, 쾌적하게 걸을 수 있는 도로 네트워크를 면차원으로 확대시키는 사업으로 볼 수 있다.

보행우선구역 내부의 모든 도로는 가능한 보행자 친화적 도로로 개편하는 것이 바람직하다. 그러나 현실적으로 보행우선구역 내부에 속한 모든 도로를 보행자 중심으로 만드는 것은 어려울 수 있다. 모든 도로에서 차량의 속도를 물리적으로 줄이기 위해 과속방지턱 등을 설치하고 주차공간을 대폭 축소시킨다면 차량이용이 지나치게 어려워 주민들의 생활에 오히려 큰 불편을 초래할 수도 있기 때문이다. 가령, 무거운 물건을 운반하거나 거동이 불편한 사람들이 이동하는데 큰 어려움을 겪게 된다. 모든 도로를 보행자 중심의 도로로 전환시키는 것은 오히려 큰 비효율을 초래할 수도 있다. 이러한 차원에서 가급적 보행자들이 많이 이용하는 도로 혹은 구역 내 주요시설 및 장소를 연결하는데 중요한 도로만을 선별하여 보행자 친화적인 도로로 탈바꿈시키는 노력이 필요하다.

보행우선구역의 도입을 전국적으로 확산시키기 위해 국토해양부(현재 국토교통부)는 2007년부터 5년간 보행우선구역 시범사업을 시행했다. 이에 따라 2012년까지 전국 26개소에서 보행우선구역 사업이 추진되었다. <그림 4-9>는 제주도 서귀포시 이중섭 거리의 보행우선구역 사업 시행 전후의 모습을 보여주고 있다.

<그림 4-9> 보행우선구역내부 도로의 사업 전후

<출처>김은희, 김인석, 명묘희, 소기옥, 임삼진, 정석, 조준한(2015) 한국의 보행환경 개선:정책 및 성과-보행권 확보와 보행환경 개선 노력, 한국교통연구원

지금까지 살펴본 국내외 보행환경개선 사업을 순서대로 개념, 적용사례, 주요특징 등에 맞추어 정리하면 <표 4-1>과 같다.

<표 4-1> 사람 중심의 도시부 가로 설계 동향

가로설계 명칭	개념	적용사례	비고
본엘프, Woonerf (1970년대)	'삶의 마당(living yard)'이라는 뜻으로 차량으로부터 마을을 안전하게 보호하고, 가로와 공공공간의 질을 높이기 위해 시행	주거지역, 쇼핑구역, 학교주변, 철도역사 주변 등 6,000개 운영(1999)	네덜란드 도로교통표지와 규제(RVV)에 근거
홈 존, Home Zone (2000년대)	가로에서 차량과 보행자 이동뿐만 아니라 다양한 사회적 활동 강조	Horsham, Halifax 등	영국의 교통법(Transport Act)에 근거
커뮤니티존 (1996년)	보행자 중심의 커뮤니티 도로를 면차원으로 확대	미타카시 등 동경도 50개소, 전국 300개소	일본의 가로환경정비 사업과 연계
공유공간, Shared Space (2000년대)	교통규칙을 나타내는 표지판 등을 모두 제거하고 자동차, 보행자, 자전거 등 모든 도로 이용자가 서로를 배려하는 도로 운영방식	네덜란드 드라흐텐시 라바이플라인 (Laweiplein) 교차로, 런던 Kensington High Street, Seven Dials 등	도로 이용자 간의 눈맞춤이 중요하므로 시각장애인에게 위험
걷고싶은거리 만들기 (1998년 이후)	보행삼불(불안, 불편, 불리)에서 보행삼편(편안, 편리, 편익)으로 전환하여 보행권과 삶의 질이 보장되는 걷고 싶은 도시 만들기	서울시 돈화문길, 효창공원길 등	역사문화, 조경, 교통, 지하철본부 등 관련부서와 협업
보행우선구역 (2007년 이후)	차보다 보행자가 통행의 우선권을 갖는 보행우선도로가 주요시설 및 장소를 유기적으로 연결하는 보행자 중심의 생활구역	마포구 도화동을 비롯 전국 26개소(2012)	「교통약자의 이동편의증진법」 제18조

보행환경 개선사업의 효과

네덜란드 본엘프에 대한 효과평가 연구는 Kraay(1986)[11]가 대표적이다. 이 연구에 따르면 본엘프 사업이 추진된 지역에 거주하는 주민 중 2/3가 사업 시행 후 차량들의 속도가 낮아졌다고 인지하였다. 실제로 본엘프가 적용된 도로의 자동차 속도는 시속 13~25km로 적용되지 않은 도로보다 속도가 낮다. 속도 감소는 사고감소로 이어졌다. 본엘프가 적용되지 않은 비교 대상지보다 사고발생건수가 50% 정도 낮았다. 특히 보행자 관련사고 감소에 큰 효과가 있는 것으로 나타났다. 또한 통과교통량이 줄어 전체적으로 교통량이 12% 감소한 것으로 나타났다.

공유공간(Shared Space)도 사고 감소에 큰 효과를 가지는 것으로 나타났다. 가장 대표적인 사업으로 인용되는 라바이플라인 교차로의 경우 사업 전 인명피해를 포함해서 연간 9~13건의 사고가 발생하였으나 사업 이후 교통사고는 1~3건으로 감소하였으며 인피사고는 한 건도 발생하지 않았다. 하지만 Moody and Melia(2013)[12]는 사고감소가 반드시 공유공간의 설계개념이 도입되었기 때문이 아니라 기존의 신호 교차로를 원형교차로로 전환하였기 때문이라고 주장하기도 한다. 그럼에도 불구하고 공유공간의 도입으로 사고가 증가한다는 경향은 발견할 수 없으며 오히려 많은 사례지역에서 교통사고 건수나 비율은 줄어든 것으로 나타났다. 이와 더불어 공유 공간은 도로의 장소성(place function)을 높이는데 기여하는 것으로 보인다.

대체로 공유공간 사업의 평가는 위치나 조건에 따라 달라지는 것으로 보인다. 특히, 도로구간(link)인지 교차로(nodes)인지, 보도와 차도 사이에 단차가 있는지 없는지, 교통량이 많은지 적은지에 따라 효과가 달라지는 것으로 나타났다. 네덜란드 자전거협회는 교통량이 많은 교차로에 공유공간 개념의 설계는 자전거이용자의 위험을 높인다고 주장한다[13]. 이는 보행환경개선사업 대상의 특성이 그 효과에 영향을 미칠 수 있음을 의미한다.

완전도로(Complete Streets) 설계가 적용되면 기존 도로에서 차량의 차로수를 줄이고 보행자, 자전거, 대중교통 이용자를 위한 공간을 넓히기 때문에 차량의 속도가 줄어든다. 그렇지만 도로가 처리할 수 있는 최대교통량이 크게 감소하지는 않는다. 만약 속도가 시속 64km에서 시속 48km로 감소하면 한 시간당 통과하는 차량대수 즉 용량은 500대/시에서 900대/시로 늘어난다. 차두간격(headway)이 작아지기 때문이다. 속도의 감소는 사고 감소효과로 이어진다. 완전도로를 위해 도로 다이어트를 시행하면 사고율을 평균적으로 29% 감소시킬 수 있다. 뉴욕 시에서는 주요도로에 자전거 차로 설치 이후 사고율이 40~50% 감소했다고 보고되었다[14].

홈존의 도입은 주거지 부근 도로의 경관 개선 및 삶의 질 향상, 차량의 속도 감소, 통과교통의 감소, 보행자 사고의 감소, 대기오염 및 소음의 감소, 범죄 위험의 감소, 사회적 활동의 증가 등 효과가 있는 것으로 보고되었다(Webster et al, 2005[15]). 일부 지역에서는 주택가

격의 상승이나 상업시설의 증가도 보고된다. 플리머스 Plymouth 시 북서쪽에 위치한 모이스 타운 Moice Town의 홈존 사업을 예로 들면 주민 설문조사 결과 93%가 홈존 사업 이후 도로의 경관이 개선되었고 85%가 범죄로부터 안전해졌으며 54%가 보행자와 자전거 이용이 안전해졌다고 응답했다. 주요 도로에서 교통량은 약 25~40% 정도 감소했으며 차량 속도도 시속 3.2~16.3km 까지 감소한 것으로 보고되었다[16].

존 30 사업은 교통사고 측면에서 매우 긍정적인 효과를 가져왔다. 도로연장 1,000km당 중상사고의 비중을 살펴보면 존 30이 적용된 도로는 1998, 2003, 2008년 각각 48, 21, 17로 지속적으로 줄어드는 경향이 나타난다. 이에 비해 제한속도가 시속 50km 또는 시속 70km인 도시부 도로에서는 도로연장 1,000km당 중상사고 건수가 같은 연도에 각각 115, 131, 205로 증가하는 추세에 있다. Elvik(2001)[17]은 제한속도가 시속 50km인 도로와 비교해 존 30에서 발생한 평균 부상사고 건수는 약 25% 낮다고 제시한 바 있다[18]. Wegman 등(2006)[19]은 존 30으로 2002년에만 약 654명의 사상자를 줄이는 효과가 있었다고 발표하였다. 네덜란드에서 존 30이 적용되는 도로에서의 교통량은 5,000대/일 이하일 때 효과가 큰 것으로 나타났다. 존 30사업 대상지의 면적은 대략 $0.2km^2$에서 $2km^2$사이로 나타났는데 면적이 커지면 $0.2km^2$당 2개씩 차량 출입구를 늘려야 교통량을 적정 수준으로 유지할 수 있을 것으로 분석되었다. 주거지역의 가로망은 일반 격자형 구조보다 나무형 혹은 두 가지 혼합형 구조가 교통안전 측면에서 효과가 크다는 점도 제시되었다.[20]

미팅 존의 대표적인 사례인 스위스 베른 주의 비엘시 젠트라플라츠 Zentralplatz 사례를 살펴보면 2002년 사업 시행 후 전체 교통류의 85% 속도가 시속 24km 이하, 75% 속도가 시속 20km 이하로 줄어들었고 교통사고 사망자수는 20%, 부상자수는 30%가 감소한 것으로 나타났다.

1995년 일본의 미타카시 상운성지구에 적용된 커뮤니티존 사업은 교통사고 발생건수를 평균 31건에서 평균 14건으로 17건 감소시켰으며 차량 주행속도도 시속 43km에서 시속 30km로 감소시키는 결과를 가져왔다.

우리나라의 보행우선구역 사업 역시 일부 긍정적 효과가 보고되고 있다. 일례로, 서울시 마포구 도화동 일원의 보행우선구역은 사업 시행으로 차량의 평균 통행속도는 사업 전 시속 25km에서 사업 후 시속 15km로 40%가 감소되었고 교통사고 중상자수는 60%, 사고건수는 52% 수준으로 줄어들었다[21].

〈표 4-2〉 국내외 보행환경개선사업의 효과 정리

가로 설계 명칭	적용 구역	적용 효과
본엘프(Woonerf)	Woonerf	- Woonerf 적용된 도로의 자동차 속도는 13~25km/시로, 적용되지 않은 도로보다 낮은 속도 - 사고발생건수는 적용되지 않은 도로에 비해 50% 정도 낮은 수준 - 교통량은 전체적으로 12% 감소
공유공간(Shared Space)	Laweiplein 교차로	- 사업 전 연간 9~13건의 사고 발생에서 사업 후 교통사고는 1~3건으로 감소
완전도로 (Complete Streets)	뉴욕시	- 주요도로에 자전거 차로 설치 이후 사고율이 40~50% 감소
홈 존(Home Zone)	Plymouth시 북서쪽 Moice Town	- 주민 설문조사 결과, 93%가 홈존 사업 이후 도로 경관이 개선되었음을, 85%가 범죄로부터의 안전을, 54%가 보행자와 자전거 이용에서의 안전을, 30%가 사람들이 도로에서 더 친절해진 것을 느꼈다고 응답 - 주요 도로에서의 교통량은 약 25~40% 정도 감소, 차량 속도도 3.2~16.3km/h까지 감소
존 30(Zone 30)	네덜란드	- 도로연장 1,000km당 중상사고의 비중을 살펴보면 존30이 적용된 도로는 1998, 2003, 2008년 각각 48, 21, 17로 지속적으로 줄어드는 경향 - 제한속도 50km/시 도로와 비교해 존30에서 발생한 평균 부상사고 건수는 약 25% 낮음 - 존30으로 2002년에만 약 654명의 사상자를 줄이는 효과
미팅 존(Meeting Zone)	스위스 베른주의 비엘시 Zentralplatz	- 전체 교통류의 85% 속도가 24km/h 이하, 75% 속도가 20km/h 이하로 감소 - 교통사고 사망자수는 20%, 부상자수는 30% 감소
커뮤니티 존(Community Zone)	일본 미타카시 상운성 지구	- 교통사고 발생건수를 평균 31건에서 평균 14건으로, 17건 감소 - 차량 주행속도 43km/h에서 30km/h로 감소
보행우선구역	서울시 마포구 도화동 일원	- 차량의 평균 통행 속도는 사업 전 25km/h에서 사업 후 15km/h로 40% 감소 - 교통사고 중상자수는 60%, 사고건수는 52%로 줄어듦

4.3 보행환경 조사

보행환경을 개선하기 위해서는 현재 보행환경의 모습과 그 안에서 사람들이 어떻게 활동하는지 이해하는 것이 필요하다. 보행이 가능한 보도, 공원, 광장 등 보행공간에서 사람들의 행태를 이해하면 보행환경을 어떻게 계획하고 만들고 운영하는 것이 보행자들에게 좋을지 결정하는데 도움이 된다.

얀 겔 Jan Gehl과 비르지트 스바레 Birgitte Svarre(2013)[22]는 공공공간(public space)과 사람의 상호작용을 이해하기 위해 얼마나 많이 (How many), 누가(Who), 어디서(Where), 무엇을 (What), 얼마나 오래(How long?) 활동하는지 조사해야 함을 강조한다. 이러한 조사와 분석을 통해 공공공간에서 사람들이 어떻게 행동하는지, 누가 어떤 장소에는 가고 어디는 가지 않는지 좀 더 구체적으로 알 수 있다.

먼저 얼마나 많이(How many)와 관련해서는 사람들이 얼마나 많이 이동하는지(보행량)와 특정장소에 얼마나 머무르는지(정지활동량)를 조사할 수 있다. 이러한 조사는 특히 보행환경개선 사업의 효과를 비교할 때 유용하다. 이러한 비교의 객관성을 확보하기 위해서는 날씨나 조사시간대가 유사해야 한다. 누가(Who)와 관련해서는 어떤 사람들이 공공공간을 어떻게 이용하는지 조사한다. 특히 여성, 어린이, 노인, 장애인들의 행태를 이해하는 것이 필요하다. 뉴욕 맨해튼에 위치한 브라이언트 파크 Bryant Park는 공원이 얼마나 안전한지를 평가하기 위해 여성 이용자 비율을 측정한 바 있다. 어디서(Where)와 관련해서는 사람들이 어떤 지점에 머무르고 어떤 경로를 이동하는지를 살펴본다. 잔디밭에 나타나는 길의 흔적은 사람들의 공간 활용에 특정한 경향이 있음을 나타낸다. 어디서에 대한 조사는 스트리트 퍼니쳐, 출입구, 볼라드 등의 위치 선정에 도움이 된다. 무엇을(What)은 사람들의 활동 내용을 조사하는 것이다. 공공장소에서 사람들의 주된 활동은 크게 걷기, 서있기, 앉아있기, 놀기 등으로 정리할 수 있다. 이러한 활동은 필요한 활동과 선택적 활동으로 크게 구분할 수도 있다. 가령, 쇼핑, 버스정류장까지 걷기 등의 활동은 필요한 활동이지만 조깅, 계단에 앉기 등은 선택적 활동이 된다. 무엇과 관련해서 중요한 것은 사람들이 마을 혹은 도시의 공공공간에서 다른 사람을 만나는 장소가 어디인지를 이해하는 것이다. 사람을 만나는 활동은 사람들에게 재미있는 자극이 되며, 개인이 자신의 삶을 사회적으로 인식하는 데 큰 영향을 끼치기 때문이다. 마지막으로 얼마나 오래(How long)와 관련해서는 사람들의 보행속도, 한 장소에 머무른 시간 등을 조사하는 것을 의미한다. 어떤 장소에 오랫동안 머물렀다면 그 장소는 상대적으로 더 가치 있고 즐거운 곳일 수 있다. 혹은 사람들이 대중교통을 이용하기 위해 걸을 수 있는 거리는 얼마인지 등을 이해하는 것도 중요하다. 사람들의 활동 중에는 아주 짧은 시간동안 이루어지는 것도 있고 오래 지속되는 것도 있다. 물건을 사기 위해 머무르는 시간은 길지 않지만 아이들이 놀이터에서 노는 시간은 길 수 있다.

공공공간에서 시간 개념을 이해하는 것은 더 나은 계획과 설계에 큰 도움이 된다.

〈표 4-3〉 공공공간에서 보행 관련 조사 분야

조사 분야	조사 내용	특징	활용
How many	- 사람들이 얼마나 많이 이동하는지(보행량) 조사 - 특정장소에 얼마나 머무르는지(정지활동량) 조사		
Who	- 어떤 사람들이 다양한 공공공간을 어떻게 이용하는지 조사	- 여성, 어린이, 노인, 장애인의 행태 이해가 필요함	- 공원의 여성 이용자 비율로 안전성 평가
Where	- 사람들이 어떤 지점에서 머무르고 어떤 경로로 이동하는지 조사		- 스트리트 퍼니쳐, 출입구, 볼라드 등의 위치 선정에 활용
What	- 사람들의 활동 내용을 조사	- 필요한 활동과 선택적 활동으로 구분하여 조사 - 사람들이 다른 사람을 만나는 장소가 어디인지 파악	
How long	- 사람들의 보행속도, 한 장소에 머무른 시간 등을 조사	- 대중교통을 이용하기 위해 걸을 수 있는 거리 등 이해 가능	- 오랜 시간 머무른 장소는 상대적으로 가치 있고 즐거운 곳일 가능성

우리나라에서 진행한 보행우선구역 사업의 표준설계매뉴얼에서는 구체적 조사분야 및 조사양식을 제시하고 있다. 조사분야는 지역여건조사, 보행환경조사, 가로이용행태조사, 교통환경조사, 주민의식조사 등 5개의 영역으로 나누어진다. 지역여건조사에서는 해당 지역의 도시계획, 토지이용현황, 교통체계 및 관련 계획 등의 조사가 이루어진다. 보행환경조사에는 보행량, 보행목적, 보행동선, 보도 시설물, 점자블럭, 보도구조 등의 조사 항목이 있다. 가로이용행태조사

에서는 건축물의 이용현황, 보행자 행태와 주요 보행자 유형을 조사한다. 교통환경조사에서는 보행에 가장 큰 영향을 끼치는 차량교통의 특성을 교통량, 차량 동선, 속도, 교통사고, 도로 시설물, 교통안전표지, 주차실태, 대중교통시설 등의 측면에서 조사한다. 주민의식조사에서는 보행환경, 안전, 쾌적성 측면에서의 보행자 요구사항을 조사한다. <그림 4-10>은 보행우선구역 표준설계 매뉴얼에 제시된 조사항목을 정리하고 있다.

<그림 4-10> 보행우선구역 표준매뉴얼: 조사 단계 구분

조 사 항 목	조 사 단 계
지역여건조사: 일반현황, 도시계획·토지이용현황, 지형, 주요시설, 교통체계 및 계획, 기타 관련계획	**1단계 조사**: 대상지 위상 파악, 법적 제약 검토, 향후, 대상지 변화 예상
보행환경조사: 보행량, 보행목적, 보행동선, 보도시설물, 점자블록, 보도구조	**2단계 조사**: 주요보행네트워크 탐색, 주요보행목적시설 탐색, 주요보행위험지점 탐색 / 조사 항목: 보행량, 교통량, 보행동선 및 차량동선, 차량속도, 교통사고, 교통안전표지, 주차시설 및 실태
가로이용 행태조사: 건축물 현황, 보행자 행태, 주요 보행자	
교통환경조사: 교통량, 차량동선, 차량속도, 교통사고, 도로시설물, 교통안전표지, 교차로기하구조, 주차시설 및 실태, 대중교통시설	**3단계 조사**: 특정 보행행위 도출, 보행 장애요인 파악, 주요 보행자 도출 / 조사 항목: 건축물 현황, 보행자 행태(주요보행자 포함), 도로시설물, 보도시설물(점자블록, 보도구조 포함), 교차로기하구조, 대중교통시설, 주민의식조사
주민의식조사	

보행성(walkability) 평가

도시가 걷기에 얼마나 좋은지를 평가하는 방법도 있다. 미국에서 개발된 보행성 체크리스트 Walkability Checklist[30]가 대표적이다. 여기서는 자신이 주로 걷는 도로에서 보행의 쾌적성, 안전성, 편리성을 쉬운 질문으로 묻고 이를 6점 척도로 평가한 후 합산해서 종합점수를 낸다. <표 4-4>는 미국의 보행성 체크리스트를 보여준다. 이러한 체크리스트의 개발 및 활용은 시민들이 자신이 주로 걷는 집 주변, 통근경로, 통학로 주변에서 걷기에 위험한 곳이 어딘지 알게 하고 이를 개선해야 함을 인식시키는데도 도움이 된다.

최근에는 지리정보체계(Geographic Information System)를 이용하여 보행성을 평가하는 방법도 연구된다. 집에서 슈퍼마켓 등 상점, 학교, 관공서, 대중교통 정류장, 도서관, 문화시설 등 사람들이 자주 찾는 곳까지 걸어서 갈 수 있는 정도를 기준으로 점수를 매긴다. 이를 통해 집이나 마을 혹은 도시의 보행성을 종합적으로 평가할 수도 있다.[31]

---

30) FHWA, NHTSA, EPA, National Safe Route to School, Pedestrian and bicycle Information Center, Walkability Checklist
31) Holly Krambeck and Jitendra Shah(2006) The global walkability index, an internship report, the World Bank

⟨표 4-4⟩ 보행성 walkability 체크리스트

1. 걸을 수 있는 여유 공간은 충분했나요?
   □ 네   □ 문제가 있어요
      □ 보도가 중간에 끊어져요
      □ 보도가 파손되었거나 금이 갔어요
      □ 보도가 지주, 표지판, 관목, 쓰레기통 등 때문에 좁아져요
      □ 보도, 보행통로, 길어깨가 없어요
      □ 차가 너무 많아요
   점수   문제지점:
   1 2 3 4 5 6 _____

2. 길을 건너기는 쉬웠나요?
   □ 네   □ 문제가 있어요
      □ 도로가 너무 넓어요
      □ 신호대기시간이 너무 길거나 보행신호시간이 짧아요
      □ 횡단보도나 신호등이 필요해요
      □ 주차한 차량 때문에 주행하는 차를 볼 수 없어요
      □ 나무나 식재 때문에 주행하는 차를 볼 수 없어요
      □ 연석의 턱낮춤이 필요하거나 수리가 필요해요
         기타 다른 문제 _____
   점수   문제지점:
   1 2 3 4 5 6 _____

3. 운전자들의 행태는 좋았나요?
   □ 네   □ 문제가 있어요, 운전자들이
      □ 건물 출입구에서 잘 보지 않고 후진해요
      □ 도로를 횡단하는 사람에게 양보하지 않아요
      □ 도로를 횡단하는 사람에게 달려 들어요
      □ 너무 빨리 달려요
      □ 신호에 막히지 않으려 과속해요
   점수   문제지점:
   1 2 3 4 5 6 _____

4. 안전 규칙을 따르기는 쉬웠나요? 당신 혹은 당신의 아이가
   □ 네   □ 아니요   횡단보도 혹은 운전자들이 잘 볼 수 있는 곳에서 횡단했나요?
   □ 네   □ 아니요   길을 건너기 전에 멈춘 후 좌우를 살폈나요?
   □ 네   □ 아니요   보도가 없을 경우 길 가장자리에서 차를 마주보며 걸었나요?
   □ 네   □ 아니요   횡단보도 신호에 길을 건넜나요?
   점수   문제지점:
   1 2 3 4 5 6 _____

5. 걷는 것이 즐거웠나요?
   □ 네   □ 문제가 있어요
      □ 풀, 꽃, 나무가 더 필요해요
      □ 무서운 개가 있어요
      □ 무서운 사람이 있어요
      □ 밤에 길이 어두워요
      □ 길이 지저분하고 쓰레기가 많아요
      □ 자동차 매연 때문에 공기가 맑지 않아요
   점수   문제지점:
   1 2 3 4 5 6 _____

4.4 보행자 중심 가로계획 및 설계

보행자 중심의 가로계획 및 설계는 차량위주의 도로설계가 초래한 교통사고를 예방하고 사람사이의 교류공간이나 휴식의 장소로서의 가로 기능을 회복하는 차원에서 시도된다. 따라서 도로의 설계속도에 맞춰 차량 운전자의 시거(視距 sight distance)를 확보하기 위한 도로의 평면선형, 종단선형, 횡단면 구성 등을 결정하는 공학적 설계요소에 더해 보행자 관점에서의 이동경로나 머무를 수 있는 장소 제공, 주변 건물이나 시설과의 조화, 식재, 차량의 속도관리 및 진입억제, 자전거, 대중교통 등 다른 교통수단에 대한 배려 등이 동시에 고려되어야 한다. 이런 설계요소는 사람의 이동 행태, 가로주변 건물과의 관계, 전체 가로 네트워크에서의 역할 측면에서 살펴보아야 한다. 따라서 보행자 중심의 가로계획 및 설계는 공학적 요소에만 그치는 것이 아니라 행태적 요소, 건축적 요소, 도시계획 및 교통계획적 요소를 모두 아우를 수 있어야 한다. 이런 측면에서 보행자 중심의 가로계획 및 설계는 자동차 위주의 가로설계보다 훨씬 복잡한 과정을 거칠 수밖에 없다.

이 책에서 제시하는 보행자 중심의 가로계획 및 설계과정이 바뀔 수 없는 절대적인 것이 아니라 얼마든지 상황과 여건에 따라 바뀔 수 있을 수 있음을 밝힌다. 다만 2016년 미국에서 발간된 「세계 가로 디자인 가이드 Global Street Design Guide[32]」에서는 성공적인 도시부 가로에 대한 평가지표로 공공 건강과 안전에 대한 기여, 삶의 질 개선, 환경적 지속가능성, 경제적 지속가능성, 사회적 형평성을 제시하고 있다. 보행자 중심의 가로 역시 이러한 측면에서 성공여부를 평가할 수 있을 것으로 보인다.

보행자 중심 가로 계획 및 설계의 단계

1) 주요 보행 네트워크의 설정

보행을 활성화하기 위해서는 가고자 하는 곳까지 걸어서 이동할 수 있는 여건이 조성되어야 한다. Appleyard와 Lintel(1972)의 연구처럼 차량 교통량이 많고 넓은 도로를 걸어서 횡단해야만 목적지에 갈 수 있다면 사람들은 걷기를 주저한다. 보행을 활성화 하려면 사람들이 주로 이용하는 장소까지 차로부터 안전하고 쾌적하게 걸어갈 수 있는 환경을 만들어야 한다. 이런 차원에서 단지, 구역 등 도시의 세부단위별로 차로부터 보호되는 보행로가 주요 보행유발시설을 유기적으로 연결하도록 할 필요가 있다. 보행 네트워크는 이런 원칙으로 선정되고 일단 선정된 도로는 차보다 보행자 중심의 가로로 바꾸는 노력을 기울여야 한다.

영국의 런던 교통국 Transport for London(2005)[33]에서

---

32) Global Designing Cities Initiatives, Global Street Design Guide, Island Press, 2016
33) Transport for London(2005) Improving Walkability.

는 Connected(연결), Convivial(생동), Conspicuous(분명), Comfortable(편안), Convenient(편안) 등 5C를 보행 네트워크 개발 전략으로 제시한 바 있다. 여기서 Connected(연결)란 보행로가 서로 연결되어 네트워크가 되어야 함을 의미하며, Convivial(생동)은 보행로와 인접한 공공공간에서 사람들이 서로 어우러지고 즐거울 수 있어야 하며, Conspicuous(분명)는 보행로가 어디에서 어디를 연결하는지 분명해야 하며, Comfortable(편안)은 포장상태, 조경, 주변 건물이 양호하고 소음, 악취, 차량의 위협으로부터 자유로우며, Convenient(편리)는 보행로를 따라 우회하지 않고 바로 목적지까지 갈 수 있어야 함을 의미한다. 계획단계에서는 5C 중에서 보행 네트워크가 유기적으로 연결되도록 하는 Connected가 가장 중요하며, Convivial, Conspicuous, Comfortable, Convenient 등은 구간별로 이루어지는 개별 가로 설계 시 고려할 수 있다.

국내에서는 한상진(2013)[34]이 주요 보행네트워크의 선정 방법을 정리하고 있다. 주요보행네트워크란 차로부터 보행자의 안전이 보장되는 도로로 구역 내부의 주요보행유발시설(초·중·고등학교, 대학교, 관공서, 시장, 쇼핑센터, 전시장, 관광명소, 공원, 스포츠·레져시설, 버스터미널, 환승센터 등)을 유기적으로 연결하는 가로 네트워크이다. 이러한 개념은 <그림 4-11>와 같이 정리된다.

---

34) 한상진, 「보행우선구역의 주요 보행네트워크 추출방법」, 「교통연구 20(4)」, 2013.

<그림 4-11> 주요보행네트워크 개념도

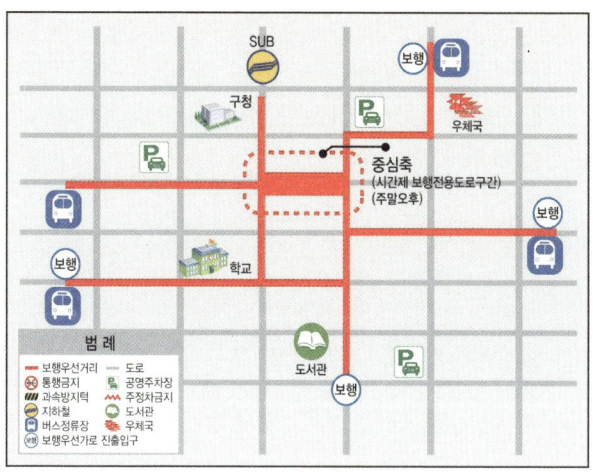

<그림 4-11>에 제시된 주요 보행네트워크는 가운데 중심축이 구청, 학교, 도서관, 우체국 등 공공시설과 버스 정류장, 지하철 역 등을 연결하고 있다. 이들 도로는 가급적 보행자전용도로, 보행자우선도로[35], 혹은 보차분리도로로 운영함으로써 보행자들이 안전하고, 쾌적하며, 편리하게 걸을 수 있도록 유도할 수 있다. 가령, 구역내부의 중심축은 특정한 시간대에 보행자전용도로로 운영하고 학교주변도로는 보차분리도로, 지하철역과 버스정류장까지 연결되는 도로는 보행자우선도로로 운영할 수 있을 것이다. 한상진(2013)은 보행량, 보행교통사고 건수, 연결도 등의 지표를 이용하여 주요 보행네트워크를 추출하는 방법을 구체적으로 제시하였다.

---

35) 차와 보행자가 함께 도로 공간을 이용하지만 통행의 우선권이 보행자에게 있는 도로. 국내에서는 아직 도로교통법상의 지위를 부여받지 못했지만 네덜란드 woonerf처럼 법적 지위를 부여받는 경우도 있다. 차와 보행자가 함께 도로 공간을 이용하지만 통행 우선권이 여전히 차에게 있는 우리나라 대부분의 이면도로는 보차혼용도로로 부른다.

2) Link & Place 개념의 적용

전통적인 도시부 가로 설계는 도로의 이동성과 접근성 등 기능적 분류에 따라 달라졌다. 이는 차량이 얼마나 빠르게 이동할 필요가 있는지와 목적지까지 얼마나 쉽게 접근할 수 있도록 해야 하는지에 따라 가로 설계의 내용이 달라진다는 의미이다. 가령 도시 고속도로를 포함한 간선도로는 이동성 중심의 도로이므로 차량이 고속으로 주행할 수 있도록 설계되어야 한다. 도로 기하구조도 가급적 직선에 가까워야 하며 차로수도 많아야 한다. 반면 주택이나 건물을 연결하는 접근성 중심의 도로는 낮은 속도를 유도해야 하고 도로폭도 넓을 필요가 없다. 하지만 이러한 도로설계의 원칙은 차량 중심적이다. 도로의 또 다른 이용 주체인 사람이 빠져있기 때문이다. 보행자 중심의 가로계획은 도로가 차량뿐만 아니라 보행자를 비롯한 자전거 등 다른 도로 이용자도 가로 설계의 주요 고려 대상이어야 한다는 원칙에서 시작한다.

보행자를 중심에 둔 가로망 계획에서는 가로가 장소와 장소를 연결하는 기능뿐만 아니라 사람들이 머무르는 장소(place)의 기능도 한다는 것에 주안점을 둔다. Jones 등 (2007)[36]은 도시에서 가로는 차량의 신속한 이동만을 위한 공간이 아니라 사람이 머무는 공간이라는 인식에서 Link & Place (연결과 장소) 가로 설계 개념을 제안한 바 있다. Link로서의 가로는 승용차, 트럭, 버스, 자전거, 보행자 등 다양

---

36) Jones, PJ et al. 2007, Link & Place- A Guide to Street Planning and Design, Local Transport Today Ltd., London.

한 이용자들이 이동하는 통로(conduit)의 역할을 하며 도시전체로 연결된다. Link로서의 가로 이용자들은 통행시간을 최소화하면서 출발지에서 목적지까지 단절없이 이동할 수 있기를 희망한다. Place는 '장소'로 해석할 수 있다. Place로서의 가로는 가로 자체가 목적지가 되어 그 위에서 여러 활동이 일어나는 것을 의미한다. 이러한 활동의 주체는 주로 보행자들이며 장소를 그냥 지나가는 것이 아니라 그 안에서 시간을 보낸다. 주로 기다리기, 얘기하기, 쇼핑하기, 쉬기 등 다양한 활동(activities)이 이루어진다. <그림 4-12>에서 a는 연결 기능만 있고 장소적 특성이 없는 가로의 모습이며, b는 연결 기능보다 장소의 기능을 주로 갖는 가로 모습을 나타내고, c는 장소적 특성을 주로 갖지만 연결 기능도 갖는 가로 이미지를 보여준다.

<그림 4-12> 도로의 Link & Place 이미지

a. 강변북로(link)   b. 제주의 공원 산책로(place)   c. 인사동길(link+place)

a. c. <출처> 두산백과 [www.doopedia.co.kr]

3) Link & Place 수준 결정을 위한 매트릭스 설정

Jones 등(2007)은 가로별로 요구되는 Link와 Place 기능이 달라질 수 있다는 차원에서 Link & Place 매트릭스(행렬)를 제시하였다. 대체로 한 도시에서 Link의 수준은 I, II, III, IV, V 등 다섯 단계로 나누

고, Place의 수준도 A, B, C, D, E 등 다섯 단계로 나눌 수 있다고 제안한다. 따라서 25개의 셀이 나타난다. <그림 4-13a>는 이러한 매트릭스를 보여준다. 즉, 도시고속도로처럼 국가차원에서 중요한 연결기능을 담당하는 경우 Link의 수준은 가장 높은 등급인 I이 되며, 단지내 가로는 Link의 수준이 최하위인 V가 된다. 한편, 강남대로, 광화문, 종로처럼 서울이라는 도시차원에서 중요한 장소적 기능을 갖는다면 A등급을 가지며, 단지내 가로처럼 장소적 기능이 낮은 가로는 E등급을 갖게 된다.

<그림 4-13b>는 Link & Place 등급 수준별로 어떤 가로가 해당될 수 있는지를 우리나라의 사례를 이용하여 정리하고 있다. 가령, 종로(a)는 도시차원에서 명소가 되며 서울의 동서를 연결하는 중요한 간선도로 기능을 맡고 있으므로 I-A 등급에 해당할 수 있다. 앞서 제시된 강변북로(b)는 가장 높은 연결성을 가지지만 장소적 특성은 없다. 따라서 I-E에 해당한다고 볼 수 있다. 한편, 서초동의 집분산도로(c)는 상업시설이 밀집되어 장소적 기능도 어느 정도 가지는 것으로 보이므로 중간 정도의 연결기능 및 장소적 기능을 갖는 것으로 분류할 수 있다. 인사동길(d)은 대체로 장소적 기능은 높지만 연결 기능은 낮다는 차원에서 IV-B에 해당하는 것으로 분류할 수 있다. 제주의 공원길(e)은 연결 기능은 거의 없지만 장소적 기능은 매우 높은 가로로 분류할 수 있다. 마지막으로 주택가 생활도로(f)는 연결기능과 장소적 기능이 모두 낮은 가로로 분류할 수 있다. 한편 도시의 규모가 작거

나 도시 내 일부지역만을 대상으로 분석을 시행할 경우에는 Link & Place 매트릭스의 수준을 5×5에서 그 이하로 낮출 수도 있다. 예를 들어, 이진각 등(2010)은 보행우선구역 사업 대상지의 가로를 3×3 으로 구분한 바 있다.

〈그림 4-13a〉 Link & Place 매트릭스   〈그림 4-13b〉 Link & Place 매트릭스

a. 종로(출처: 두산백과), c. 서초동 도로(출처:blog.skenergy.com), f. 주택가 생활도로(출처: 국토해양부, 2009)

4) 네트워크 차원의 Link & Place 수준 결정

Link & Place 매트릭스의 차원을 결정하면 도시차원에서 주요 가로 네트워크를 파악하고 가로 노선 혹은 축별로 Link & Place의 수준을 결정한다. 대체로 Link의 수준은 도로공학에서 제시되는 도로의 기능적 위계분류(functional hierarchy classification)에 따라 등급이 비교적 명확하게 결정될 수 있다. 가령, 간선도로는 I 등급, 보조간선도로는 II~III 등급, 집분산도로는 III~IV 등급, 국지도로는 V 등급

을 갖는 것으로 분류할 수 있다. 다만 도로의 기능적 위계분류는 차량 중심의 분류이므로 보행자, 자전거 등의 이동성에 대한 배려가 없다는 점을 감안할 필요가 있다.

Place의 수준은 상업, 문화, 관광 등의 차원에서 가치가 큰 장소 등을 그 영향권에 따라 계층화하여 결정한다. 즉 국가 혹은 도시 차원에서 중요한 장소와 연결된 가로에 대해서 높은 Place 수준을 부여한다. 하지만 Place의 수준은 Link에 비해 상대적으로 결정기준이 명확하지 않다. 가령, 대형 소매점이나 업무지구가 국가 및 도시차원에서 중요한지 혹은 지구차원에서 중요한지는 평가자에 따라 판단이 달라질 수 있기 때문이다.

주거지역에 위치한 가로는 대체로 낮은 장소적 기능을 갖지만 주거단지라 하더라도 고밀 개발이 이루어진 경우에는 장소성이 높을 수도 있다. 이러한 차원에서 Jones 등(2007)은 백화점 등 대형 판매시설이나 유명 쇼핑가와 연결된 도로는 A~D 수준, 업무/교육지구 등과 연결된 도로도 A~D 수준, 문화/역사 지구와 연결된 도로는 A~C 수준, 산업지구는 B~D 수준, 주거지역은 D~E 수준 등 여러 수준에 걸쳐 결정될 수 있다고 예시한다. 최종 결정은 장소가 국가, 도시, 지역, 지구 등의 차원에서 갖는 중요도를 기준으로 한다.

5) 가로 성능평가지표 선정

도시 전체적으로 가로가 가져야 할 Link와 Place의 수준을 결정한

후에는 개별 가로구간이 이런 기능을 얼마나 잘 담당하고 있는지 평가할 필요가 있다. 이런 차원에서 Link 와 Place의 기능을 구체적으로 평가하는 지표가 요구된다. Jones 등(2008)은 <표 4-5>와 같이 가로성능 평가지표를 예시하고 있다. 가령 Link와 관련해서는 차량의 평균통행속도, 차량속도의 분산, 다른 도로이용자들의 지체시간 등이 성능평가지표가 될 수 있다. Place와 관련해서는 상업의 활성화 정도, 조업주차 공간의 필요성, 공공공간의 수준 등이 제시될 수 있다. 한편, Link와 Place를 함께 대변하는 지표로는 교통사고건수, 대기/소음공해 등이 가능하다. 이러한 지표는 도시별 여건, 자료수집의 가능성을 고려하여 더 추가하거나 제외하는 등 여건에 맞게 선정할 수 있다.

〈표 4-5〉 가로 성능 평가 지표

Link 지표	Place 지표	Link/Place 지표
차량 평균속도 차량속도 분산 차량이외 이용자 지체	상업의 활성화 정도 조업주차공간 필요성 공공공간의 수준	교통사고건수 대기/소음 공해수준

6) 개선이 필요한 우선순위 도출

가로의 성능평가지표가 결정되면 이를 기반으로 가로의 Link와 Place 수준을 평가한다. 이때 각 지표별로 객관적 비교를 위해 서로 다른 단위를 같은 척도(scale)로 전환하는(mapping) 과정을 거친다. 이를 위해 0~5점 척도를 도입한다. 가령 어느 도시에서 가로별 차량

평균속도의 최소값이 10km/h이고 최대값이 50km/h로 나타났다면 0~10km/h는 0점, 10~20km/h는 1점, …, 40~50km/h는 4점, 50km/h 이상은 5점 등으로 점수를 부여한다. 모든 지표에 대해 이런 과정을 거친다.

이후 현재 성능평가 지표별 수준이 받아들일 만한 수준인지 검토할 필요가 있다. 이를 위해 평가지표별로 받아들일 만한 적합한 수준에 대한 결정이 필요하다. 이러한 수준은 Link와 Place의 등급에 따라 다를 수 있다. 앞서 예를 든 차량평균속도는 Link 수준 III인 가로에서는 4점이 받아들일 만한 수준이지만 주택가 가로처럼 Link 수준 V인 가로에서는 1점이 받아들일 만한 수준일 수 있기 때문이다.

이후 받아들일 만한 수준과 현재 수준의 차이를 비교하여 어느 가로구간이 많은 문제를 갖고 있는지 살펴보고 우선순위를 결정할 수 있다. 여러 지표에서 낮은 성과를 보이는 가로구간이 우선 검토대상이 된다. 또한 여러 지표를 통합하여 하나의 지표로 문제수준을 진단할 수도 있다. 이 경우에는 지표 간 가중치를 정하는 과정이 필요하다.

7) 가로 공간의 배분

가로별 개선 우선순위가 정해지면 부족한 내용을 보완하는 차원에서 가로 설계를 시행한다. 하지만 설계대상 가로가 적절한 수준의 Link & Place 기능을 수행하고 이용자의 요구사항을 만족시키기 위해서는 한정된 가로 공간을 Link 공간과 Place 공간으로 적절히 나누어야 한다. 이 때 최소한(minimum)으로 요구되는 크기와 바람직한(desirable) 크기를 우선 점검할 필요가 있다. 만약 최소한 요구되는 크기를 만족시키지 못한다면 Link & Place의 수준을 낮추는 방안도 검토할 수 있다. 이러한 관계는 <그림 4-14>과 같이 정리할 수 있다. <그림 4-14>에서 직선은 도로 공간을 배분할 수 있는 실제 비율을 연결한 선을 나타낸다. 따라서 <그림 4-14>는 최소한 요구되는 Link와 Place의 공간은 확보할 수 있으나 바람직한 수준은 확보하지 못하는 것으로 해석할 수 있다.

마지막으로 Jones 등(2008)은 가로별 Link와 Place의 공간배분 옵션을 <그림 4-15>와 같이 다섯 가지로 나누어 제시하고 있다. 옵션 1은 선형을 고려하지 않고 가로공간의 가운데 선을 기준으로 Link를 만들고 남는 양쪽 부분에 Place 공간을 위치시키는 방법이다. 옵션 2와 3은 각각 Link 공간의 아래와 위에 위치시키는 방법이다. 옵션 4는 가로의 선형을 고려한 가운데 선을 기준으로 가로 양쪽에 위치시키는 방법이다. 마지막으로 옵션 5는 Place 공간을 가운데 위치시켜 Link 공간을 둘로 나누는 방식이다. 이러한 설계 옵션은 실제 가로환경에 따라 다양하게 적용이 가능하다. 즉 가로에서 차도부, 보도부, 연접 건축물에 속한 공개공지까지 고려하는 것이 중요하다. 가로의 Place 특성은 공개공지와 연결될 수밖에 없기 때문이다.

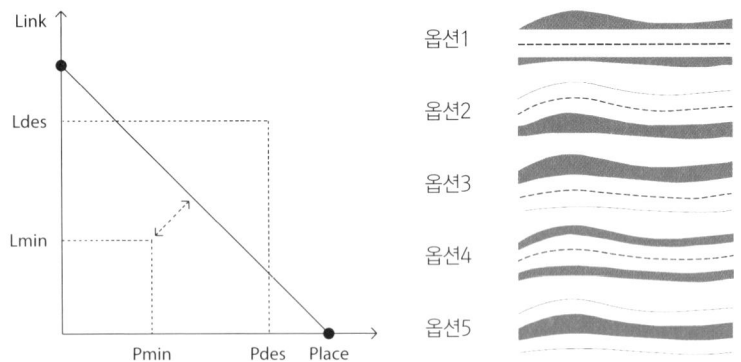

〈그림 4-14〉 Link 공간과 Place 공간의 최소수준과 바람직한 수준비교

〈그림 4-15〉 Link 공간과 Place 공간의 분할 옵션

　Link & Place 가로 설계기법은 기존의 가로 설계에서 개별적으로 고려되어온 공학적 요소와 공공 디자인적 요소를 통합했다는 측면에서 의미가 있다. 기존의 도시부 가로 설계 과정을 살펴보면, 우선 도시계획시설로서 도로가 지정된 후 해당 도로가 갖추어야 할 이동성(mobility)과 접근성(accessibility)에 따라 도로의 기능 분류가 이루어지고 여기에 맞추어 도로 횡단, 평면, 종단설계가 공학적 차원에서 이루어진다. 그 후 가로에 들어설 다양한 가로 시설물(street furniture)의 설계가 공공 디자인 측면에서 이루어진다. 즉, 가로의 Link 기능이 도로공학적으로 설계된 이후 가로의 Place 기능을 지원하는 가로 시설물 설계가 이루어져 왔다.

　하지만 Link & Place 가로 설계기법은 양 기능을 함께 고려한다는 측면에서 과거의 접근방식과 차별화된다. 기존 가로 설계에서는 도로의 기능적 분류에 맞추어 차로수, 설계속도, 보도폭원 등을 가로의 Place 특성에 대한 배려 없이 설계기준에 맞추어 공학적으로 수행하였다면 Link & Place 설계기법은 가로공간의 배분을 차량, 보행자, 자전거, 버스, 화물차 등 모든 가로 이용자의 Link와 Place 차원에서 요구사항을 고려한 후에 선형설계, 가로 운영시설, 가로시설물 배치를 유도한다. 현재 우리나라에서 가로의 선형 설계는 도로설계지침(국토해양부, 2012)에 의거하여 이루어지고 있으며 가로 시설물 배치나 가로와 인접한 공개공지의 설계는 공공디자인 가이드라인[37]에 근거하고 있다. Link & Place 설계기법은 양 지침의 통합운영 필요성과 그 방안을 제시한 의의가 있다. 또한, Link & Place 설계기법은 가로환경의 사후평가(남궁지희·박소현, 2009)에서 강조하는 다양한 평가지표를 설계단계에서부터 검토할 수 있는 방안을 제시한 측면에서도 의의가 있다.

보행자 중심 가로 설계의 사례

Link & Place 설계기법의 적용 방법을 서울시 마포구 도화동 일원에 시행된 보행우선구역 사업을 통해 설명한다. 도화동 일원의 보행우선구역 설계는 2009년 완료되었으며 그 과정에서 보행우선구역 설계매뉴얼(국토해양부, 2009)에 따라 보행 및 가로 환경관련 자료가 수집되었다.

도화동의 보행우선구역은 마포로, 삼개로, 새창로, 새창로 8길로 둘

---

[37] 예를 들어, 서울시(2008) "공공공간 디자인 가이드라인"

러싸인 면적 0.35㎢ 구역이다. 여기에서 선정된 주요보행네트워크는 <그림 4-16>에 제시된 도화길, 도화2길, 도화4길, 삼개로 등이다. 즉, 이들 가로들을 우선적으로 보행자 친화적으로 개선하는 설계방안을 제시하고 있다.

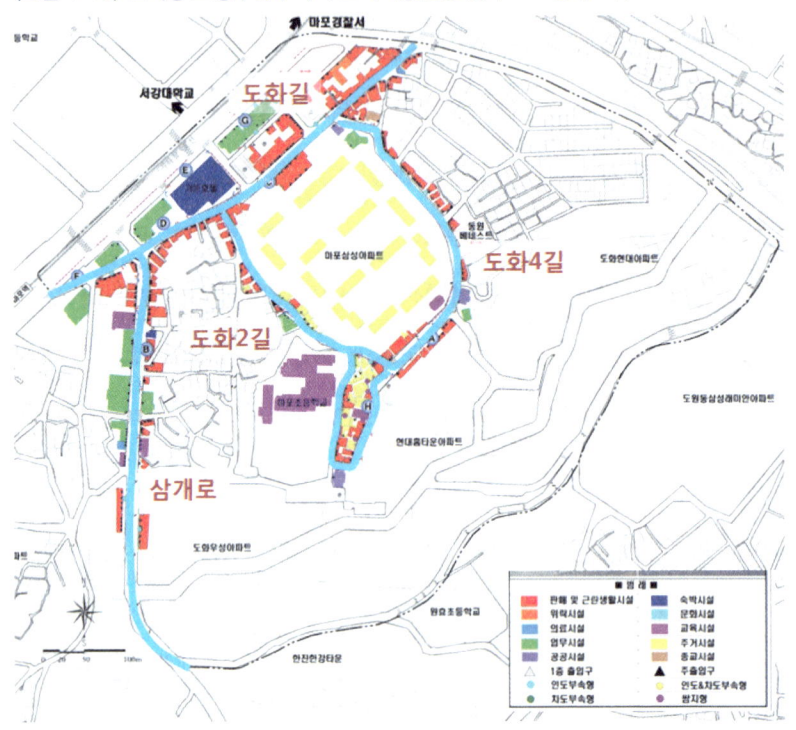

<그림 4-16> 도화동 보행우선구역의 토지이용현황 및 주요보행네트워크

먼저 Link 측면의 등급을 <그림 4-13a>에 제시된 5×5 매트릭스 차원에서 나누어 보면 도화동 보행우선구역의 경계인 마포대로는 서울시 남서부와 도심을 연결하는 주요간선도로인 만큼 I등급 도로가

된다. 반면 보행우선구역 내부에서 주택가와 연결되는 생활도로는 가장 등급이 낮은 V등급이 부여된다. 이렇게 I등급과 V등급 도로가 구분된다면 마포대로와 연결된 폭 7~15m인 삼개로는 집분산도로의 역할을 한다고 볼 수 있어 Link 기능은 III등급을 부여할 수 있을 것으로 보인다. 반면 도화길은 폭 8~10m로 마포대로의 이면도로 성격을 지니고 있어 IV등급에 해당한다고 볼 수 있다. 도화2길과 도화4길은 주변의 모든 주택가 생활도로들과 연결되고 있으므로 IV등급을 부여할 수 있다.

Place 측면의 등급은 가로주변에 위치한 상업, 문화, 관광, 행정시설들이 도시 차원에서 지니는 역할에 큰 영향을 받는다. 그런 차원에서 우선 대형 호텔인 가든호텔과 연결되고 많은 식당과 상점들이 분포하고 있는 도화길이 가장 높은 Place 특성을 가진다고 볼 수 있다. 그러나 그 중요성은 도시차원이 아닌 마포구 차원에서 의미를 지닌다고 볼 수 있다. 따라서 도화길의 Place 등급은 C등급이 부여된다. 삼개로도 주변에 여러 상업시설과 소규모 업무시설을 포함하고 있으나 그 중요성은 도화동 일원에서만 의미가 있으므로 D등급이 부여된다. 도화2길과 도화4길의 Place 특성은 근린생활시설을 포함하면서 도화동에서 중요한 학교, 동사무소 등이 연결된다는 측면에서 D등급이 부여된다. E등급은 그 밖의 주택가 생활도로가 해당된다고 볼 수 있다.

실제 현장조사를 통해 수집한 가로별 성능평가지표를 평가하면 도화동 일원의 주요 보행네트워크는 <표 4-6>처럼 정리할 수 있다. 상업활동 수준은 가로주변의 상업시설 밀집정도를 기준으로 5점 척도로 제시하였다.[38]

<표 4-6> 주요 보행네트워크의 가로성능지표

		도화길	도화2길	도화4길	삼개로
	Link 등급	IV	IV	IV	III
	Place 등급	C	D	D	D
Link	최대보행량*(인/시)	866	763	732	726
	최대교통량(대/시)	666	69	252	667
	85%속도(km/h)	25.75	29.29	28	31.38
Place	상업활동 수준	4	2	2	3
	불법주차비율(건/km)	0.03	0.04	0.03	0.02
Link/Place	보행사고건수(건)	5.6	0	0.6	1.6

<표 4-6>에 제시된 성능평가지표만으로도 가로별 Link와 Place의 현재 수준을 가늠할 수 있다. 하지만 이를 보다 편리하게 비교하기 위해 5점 척도로 전환할 필요가 있다. 한상진(2014)에서는 2008년 시행된 보행우선구역 시범사업지 9곳에서 수집된 가로별 보행량, 교통량, 속도, 불법주차건수, 보행자사고건수 등을 모두 정리하여 보행우선구역 내부도로의 20%, 40%, 60%, 80%, 100% 순위 값을 정리하였다. 즉, 각 지표별 최대치는 100% 순위 값에 해당한다. 따라서 이를 기준으로 0~5점의 점수를 부여할 수 있다. 이를 정리하면 <표 4-7>과 같다.

---

38) 상업활동 수준을 보다 객관적으로 판단하기 위해 지가, 임대료, 용적률 등의 지표를 활용할 수도 있다.

〈표 4-7〉 보행우선구역사업 기준 평점환산 기준표

순위	20%	40%	60%	80%	100%
5점 척도 점수	1	2	3	4	5
최대보행량(인/시)	80	148	225	638	1602
최대교통량(대/시)	64	123	246	702	5654
85%속도(km/h)	24	27.4	30	37.3	48.3
불법주차비율(건/km)	0.083	0.087	0.119	0.146	0.25
보행사고건수(건)	2.4	4.7	9.1	12.3	23.2

〈표 4-7〉을 기준으로 5점 척도 점수를 부여하면 가로별 점수는 〈표 4-8〉과 같이 도출된다. 〈표 4-8〉에 의하면 도화길은 Link 등급이 IV로 III 수준인 삼개로에 비해 낮지만 같은 수준의 보행량과 교통량 수준을 보이고 있다. 다만 차량의 속도가 낮다. 이에 비해 Place 등급이 C로 더 높은 만큼 상업이 더 활성화되어 있다. 불법주차 수준은 크게 차이가 나지 않지만 보행자 관련 사고가 높게 나타나고 있음을 알 수 있다. 따라서 도화길은 차량의 Link 기능을 낮추고 보행자의 Place 기능을 강조하는 방향으로 설계가 이루어질 필요가 있다.

도화2길은 Link 등급이 IV로 낮고 현재도 차량교통량이 높지 않아 Link 차원의 개선 필요성이 높지 않다. Place 측면에서도 개선이 요구되지 않는다. 다만 보행량이 상대적으로 많은 만큼 보행자 공간 확보가 필요하다.

〈표 4-8〉 주요 보행네트워크의 성능평가지표의 5점 척도값

	성능평가지표	도화길	도화2길	도화4길	삼개로
	Link 등급	IV	IV	IV	III
	Place 등급	C	D	D	D
Link	최대보행량(인/시)	4	4	4	4
	최대교통량(대/시)	4	1	3	4
	85%속도(km/h)	1	2	2	3
Place	상업활동 활성화 정도	4	2	2	3
	불법주차비율(건/km)	1	1	1	1
Link/Place	보행사고건수(건)	2	1	1	1

도화4길은 도화2길처럼 Place 측면의 큰 개선이 요구되지는 않지만 차량교통량이 다소 많고, 보행자 관련사고도 발생한 것으로 나타난다. 속도 감소 등 보행자 안전을 위한 대처가 필요하다. 마지막으로 삼개로는 Link 등급이 높은 만큼 교통량이나 속도도 높게 나타나 Link 차원의 개선이 시급하지 않다. Place 등급은 D로 낮으나 사고가 많은 편이므로 보행자 관련 사고에 대한 배려가 필요하며 상업활동이 활성화된 만큼 조업주차 등의 고려가 필요하다.

가로별 개선 우선순위 도출 결과가 실제 보행우선구역 설계에 얼마나 반영되었는지를 확인하고 추가 고려사항이 있는지 등을 파악하기 위해 도화길을 대상으로 설계대안(국토해양부, 2009a 참조)의 적정성에 대해 토의하여 본다. 〈그림 4-17〉은 도화길 설계대안을 보여준다.

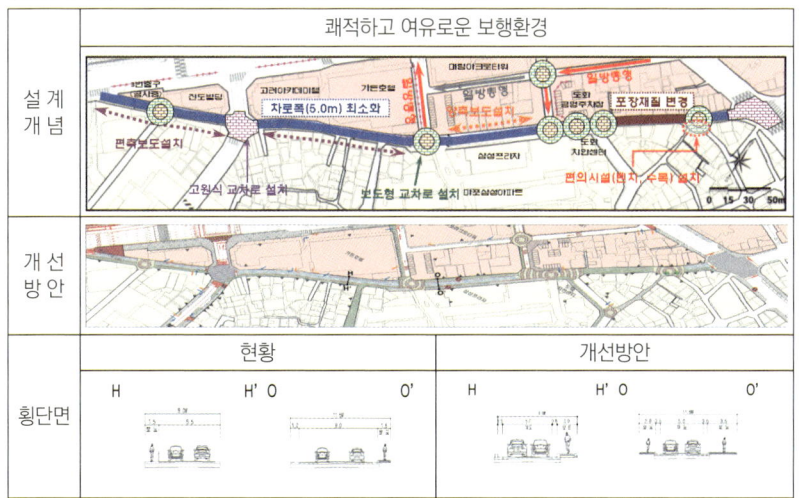

〈그림 4-17〉 도화동 보행우선구역에서 도화길 설계대안

Link & Place 차원의 가로성능지표를 평가한 결과 도화길은 link 기능을 낮추고 보행자의 Place 기능을 강조하는 방향으로 설계가 이루어져야 함을 확인할 수 있었다. 실제 설계대안에서도 도화길은 〈그림 4-17〉에서 보듯 가로의 폭원이 11.5m로 넓은 $O\ O'$지점에서는 현황과 달리 차로 폭을 줄이고 좌우 보도 폭을 각각 1.0m, 1.5m에서 2.0m, 3.5m로 넓히는 대안을 제시하고 있다. 가로 폭원이 8.0m로 좁은 $H-H'$구간은 보도를 좌측에서 우측으로 옮기고 보도 폭은 1.5m에서 2.0m로 넓히는 대안을 제시한다. 따라서 실제 설계대안도 Link & Place 평가에 의한 개선사항을 잘 반영하고 있는 것으로 볼 수 있다. 하지만 상업시설이 많은 만큼 조업주차 공간을 확보하고 차량의 Link 기능이 중요하지 않은 도로임에도 통과차량을 줄이기 위한 조치가 강조되지 않은 점은 아쉽다. 아울러 보도 폭원 확보와 더불어

Place 기능을 강화하기 위한 다양한 방안도 같이 고려될 필요가 있다. 이는 가로 상황 및 사람들의 활동 특성에 맞추어 결정할 수 있을 것이다.

4.5 보행시설물 설계

보행시설물 종류

도로에서 보행 관련 시설물은 보도관련시설, 횡단관련시설, 속도저감시설, 안내시설, 안전시설 등 다양하다. 보도와 관련해서는 유효보도폭, 연석, 보도의 경사, 턱 낮추기, 점자블록, 차량진출입구 처리, 포장 등이 중요한 고려 요소가 된다. 횡단시설에는 횡단보도, 고원식 횡단보도, 보행 대피섬 등이 대표적이다. 속도저감시설에는 과속방지턱, 지그재그 형태의 도로(chicane), 차도폭 좁힘, 노면요철포장, 고원식 교차로 등의 방법이 있다. 안내시설에는 안내표지 및 표지판이 있고, 안전시설에는 자동차 진입 억제용 말뚝(bollard), 보도용 방호울타리 등이 있다. 이들 시설의 세부적 설계기준은 보행우선구역 표준설계매뉴얼을 참고하면 된다. <표 4-9>는 보행우선구역 표준설계매뉴얼에 제시된 보행관련 시설의 종류를 정리하고 있다.

〈표 4-9〉 보행우선구역 표준설계매뉴얼 보행관련 시설 종류

대분류	중분류	세분류
보도	설계원칙	• 보행우선구역 내 보도 설치 시 고려사항
	보도의 구조	• 유효보도폭 • 연석 • 보도의 경사 • 턱 낮추기 및 연석경사로 • 점자블록 • 차량진출입부 • 보도포장
	기타시설	• 덮개
	가로수	• 가로수
속도저감시설	설계원칙	• 보행우선구역 내 속도저감시설 설치 시 고려사항
	단일로 속도저감시설	• 과속방지턱 • 소형 과속방지턱(speed cushion) • 지그재그 형태의 도로(chicane) • 차도폭 좁힘 • 노면요철포장
	교차로 속도저감시설	• 고원식 교차로 • 지그재그형 교차로 • 교차로폭 좁힘 • 차단(대각선, 직진, 교차로, 편도)
횡단시설	설계원칙	• 보행우선구역 내 횡단시설 설치 시 고려사항
	시설별 설치기준	• 노면표시를 이용한 횡단보도 • 고원식 횡단보도 • 교차로 진입부 고원식 횡단보도 • 보행섬식 횡단보도
대중교통정보알림시설 등 교통안내시설		• 보행자 안내표지판 • 보행자 방향안내판 • 보행우선구역 안내표지
보행자 우선통행을 위한 교통신호기		• 보행자 우선통행 교통신호기 • 시각장애인용 음향신호기
안전시설		• 보도용 방호울타리 • 자동차 진입억제용 말뚝 • 안전표지
조합설치	진입부	• 진입부 시설물 조합설치 방안
	단일로	• 단일로 시설물 조합설치 방안
	교차로	• 교차로 시설물 조합설치 방안

설계 유의사항

보행 시설물 설계와 관련해서 인지하고 있어야 할 몇 가지 중요한 점을 정리한다.

첫째, 보도를 만들 때 최소 보도폭을 유지해야 한다. 특히 지방 소도시의 경우 최소 유효 보도폭에 대한 이해 없이 1m 미만의 좁은 보도를 형식적으로 만들어 놓은 가로가 많이 발견된다. 이 경우 보행자의 교행이 어려워 보행자가 길로 내려갈 수밖에 없는 위험한 상황을 만들어낼 수 있다. 이런 취지에서 '교통약자이동편의증진법'에서는 최소 유효 보도폭[39]을 휠체어 사용자 2인이 교행할 수 있도록 2.0m로 제시하고 있다. 다만 지형상 불가능하거나 기존 도로의 증개축이 불가피하다고 인정되는 경우 1.2m까지 완화할 수 있다. 최소 유효 보도폭의 준수는 보행자 안전을 확보하는데 매우 중요한 만큼 보차분리도로에서는 꼭 확보될 수 있어야 한다.

둘째, 연석의 높이는 차량의 보도 진입을 막는데 매우 중요한 시설이다. 이 때문에 차량의 주행속도가 높은 가로에서는 25cm까지도 허용되는 것이 보통이다. 그러나 가로가 연결(link)보다 장소(place) 기능이 더 강하고 보행량도 많으나 보차분리를 통해 유효보도폭을 확보하기 어려운 경우도 있다. 이때에는 차량의 속도를 낮출 수 있는 물리적 장치를 설치한다는 전제하에 연석의 높이도 낮추어 보행자나 휠체어 이용자가 차도부를 일부 이용할 수 있도록 하는 편이 바람직

---

[39] 유효보도폭은 보도 위에서 식재 및 각종 공공목적의 보도 점용시설을 제외하고 보행자가 걷는데 제약을 받지 않는 폭원을 말하며 최소 유효 보도폭은 보행교통량 및 서비스 수준에 의해 결정된다.

할 수도 있다. 다만 시각 장애인이 보도부가 끝난다는 신호를 줄 수 있을 만큼의 단차는 필요하다.

셋째, 보도의 경사는 휠체어 이용자까지 모두 배려할 수 있는 차원에서 지나친 급경사가 이루어져서는 안 된다. 교통약자이동편의증진법에서는 1/18을 표준 종단경사로 하며 지형상 불가능한 경우 1/12까지 완화할 수 있다. 하지만 이 경우에는 30m마다 휴식공간을 설치해야 한다. 보도의 횡단경사는 1/50 이하를 유지하도록 권고한다.

넷째, 다른 가로와의 접속부 처리는 보도의 연속성을 확보하는 차원에서 설계되어야 한다. 차량 중심의 가로 설계에서는 보도가 있는 가로가 다른 가로와 만날 때 보도를 끊고 아스팔트 포장상태를 유지하지만 보행중심의 가로는 보도포장을 유지하여 차량들이 보도를 빌려서 이용한다는 느낌을 갖도록 설계해야 한다. 그래야 차량 운전자들이 보행자를 의식하여 조심스럽게 운전할 수 있다. 한편, 불가피하게 보도를 통해 건물로 차량이 진출입하는 곳에서는 보도재질을 변경해서 보행자들에게 차량 진출입구로 쓰이는 공간이 어디인지 인식할 수 있도록 하는 것도 중요하다.

다섯째, 보도 포장은 다양한 색상과 재질뿐만 아니라 내구성을 고려한 설계가 이루어져야 한다. 특히 눈, 비에 변형이 생기지 않는 재료 선정이 중요하다. 한편, 보도는 작은 블록 위주의 재료뿐만 아니라 가격, 시공, 유지보수 측면에서 저렴한 보도포장 재료와 시공방식을 선택하는 것도 필요하다. 보도는 블록 형식의 재료뿐만 아니라 칼라 아스팔트 포장이나 콘크리트 포장도 가능하다. 블록도 흙을 구워서 만든 벽돌도 있지만, 고무, 나무 등 다양한 재료를 활용할 수도 있다.

여섯째, 차량의 보도 진입이나 보행자전용도로 진입을 막기 위해 설치하는 차량진입 억제용 말뚝(볼라드) 높이에 관심을 가질 필요가 있다. 현재의 규정은 80~100 cm를 기준으로 하지만 규정이 만들어지기 전에 설치된 볼라드는 이보다 낮아 보행자가 발에 걸려 넘어지는 사고의 원인이 되기도 한다. 특히 시각 장애인에게 위험하다. 이는 도로 위에 설치되는 벤치 등 다양한 스트리트 퍼니처의 설계 시에도 고려되어야 한다.

일곱째, 횡단하는 보행자를 보호하기 위해 설치하는 고원식 횡단보도는 보행자관련 사고가 많은 도시부 도로에서 적극 설치할 필요가 있다. 고원식 횡단보도는 차량의 속도를 낮출 뿐만 아니라 보행자가 운전자 눈에 더 잘 띄게 하는데 도움이 되기 때문이다. 가령, 중앙버스전용차로의 정류장 부근은 버스를 이용하기 위해 중앙의 승강장을 오가는 보행자들이 많으므로 고원식 횡단보도가 도움이 될 수 있다.

여덟째, 보도용 방호울타리는 보행자의 무단횡단을 막기 위해 주로 설치된다. 하지만 이런 시설은 보행량이 많을 경우 상당한 불편을 초래하기도 하며 주택가 생활도로에 설치될 경우 보차분리가 엄격한 것으로 인식되어 차량 운전자가 속도를 높이는 원인이 되기도 한다. 보도용 방호울타리는 차량에서 내린 사람이 보도를 이용하기도 어렵게

한다. 이 경우 차를 이용하여 주변 상점을 이용하는 사람들에게도 불편이 된다. 이런 측면에서 방호울타리는 보행자의 횡단 수요와 도로의 기능을 고려해서 꼭 필요한 곳에만 설치하는 것이 바람직하다.

아홉째, 속도저감시설, 횡단지원시설, 보행안전시설은 서로 어우러지면 보행자 안전을 도모하는데 더욱 효과적이다. 고원식 횡단보도를 지그재그 형태의 도로에 설치하면 차량 속도를 더 확실하게 낮출 수 있다. 지그재그 형태의 도로는 주차면과 차량진입 억제용 말뚝을 적절히 위치시켜 만들어낼 수도 있다.

마지막으로 이들 보행자를 위한 시설물의 설치 위치나 규격은 가로여건에 맞게 결정되어야 한다. 즉 가로의 폭, 주변 건물의 크기와 용도, 교통량과 차량 경로, 보행량과 보행경로, 장소적 특성, 비용, 노상주차면, 전신주 등 지장물 이설 가능성 등에 따라 달라져야 한다. 가령, 차량 속도저감 시설을 어디에 두어야 효과가 클지, 과속방지턱을 두는 것이 좋을지 아니면 시케인(지그재그형태의 도로)을 두는 것이 좋을지 등의 결정은 여건에 따라 설계자가 주민의견이나 실제 이동행태 등을 감안하여 결정해야 한다. 보행자우선도로를 설계한다면 진입부에서부터 속도를 줄이는 기법이 감안될 필요가 있다. 아울러 일정 간격마다 속도를 낮추는 기법이 시케인이든 과속방지턱이든 다양한 형태로 제시될 수 있다. 시케인의 방식도 식재를 위주로 할 것인지 화분을 활용할 것인지 아니면 주차면을 이용할 것인지도 결정할 수 있다. 특정 건물 앞 등 보행자들의 횡단수요가 높은 곳에서는 차량 속도를 낮추기 위한 장치와 더불어 횡단지원시설을 고려할 필요가 있다. 이와 관련된 구체적인 기준은 개별 시설물에 대한 효과평가를 통해 앞으로 구체화될 필요도 있지만 결국 결정은 계획가 혹은 설계자가 전문적인 지식과 경험, 주민 의견 청취와 관찰, 비용적 한계 등을 종합적으로 고려해서 내려야 한다. 혹은 최근 세계적으로 관심을 끌고 있는 Tactical Urbanism을 활용할 수도 있다.

저비용 기법과 Tactical Urbanism

기존 가로를 보행자 중심으로 전환하기 위해 속도저감시설, 횡단지원시설, 보행안전시설 등을 설치하려면 상당한 비용이 소요된다. 하지만 제안된 보행자 중심의 가로 설계가 실제로 얼마나 효과가 있을지 확신이 서지 않을 수도 있다. 주민 등 이해 당사자 사이에 설계 내용에 대한 찬반이 달라지기도 한다. 이런 경우는 최소한의 비용으로 유사한 효과를 볼 수 있는 저비용 기법에 대한 고려도 필요하다. 만약 효과가 입증된다면 미적, 기능적 가치뿐만 아니라 내구성도 높은 시설로 바꾸면 된다. 이렇게 단기적, 저비용, 조정 가능한 기법이나 정책을 장기적 변화를 촉진하기 위해 사용하는 계획 및 설계 수법을 전술적 도시기법 Tactical Urbanism[40]이라고 한다. 대표적으로 뉴욕시의 소규모 광장을 보행자 친화적으로 바꾸는 실험을 하루에서 일주일 정도 시행한 사례를 꼽을 수 있다. 최근에는 홈페이지

---

40) The Street Plans Collaborative, Tactical Urbanist's Guide Ver 1.0, 2016
file:///C:/Users/Administrator/Downloads/TU-Guide_To_Materials_And_Design_V1.0.pdf

를 통해 Tactical Urbanism의 다양한 국제사례, 기법이나 재료 종류, 가이드라인 등을 제공하고 있다.[41] <그림 4-18>은 뉴욕 브로드웨이의 모습이 2008년부터 2015년 사이에 어떻게 바뀌었는지를 보여주고 있다. 즉 2008년에는 차량이 다니는 도로였지만 2009년 Tactical Urbanism 차원에서 접이식 의자를 두고 사람들의 행태를 관찰하였다. 이후 만족도가 높아지자 2010년과 2015년에는 아예 포장재질을 바꾸는 시도까지 하게 되었다.

<그림 4-18> 저비용 기법을 활용한 Tactical Urbanism 적용사례: 뉴욕 타임 스퀘어

41) http://tacticalurbanismguide.com/about/

국내에서 시행된 보행우선구역 사업에서도 사업비를 절감하는 방법으로 보행시설물 설치를 최소화고 값싼 포장재료 사용과 조경을 최소화하는 계획 방법을 제시하고 있다. 가령 <그림 4-19>처럼 노면 마킹이나 포장색깔 변화만으로 지그재그형태의 도로, 도로폭 줄임 등을 만들 수 있다. <표 4-10>은 보행우선구역 시범사업에서 도출한 고비용 기법과 저비용 기법의 비용차이를 보여주고 있다.

<그림 4-19> 노면 마킹이나 포장색깔 변화를 통한 차량속도 저감

<출처> 국토해양부, 보행우선구역 사업효과 분석 · 평가-보행우선구역 시범사업지 연구, 2009(좌),
http://library.jsce.or.jp/jsce/open/00039/200911_no40/pdf/104.pdf(우)

〈표 4-10〉 고비용 기법과 저비용 기법의 비교

내용		설계형태					
		고비용			저비용		
		내용	개략공사비	사진	내용	개략공사비	사진
속도저감시설	고원식 교차로	교차로 전체를 암적색 아스콘 또는 블록 포장으로 설치	(1㎡당) 47,000원		교차로의 노면색깔만 달리 표현	(1㎡당) 1.미끄럼방지 포장:39,000원 2.칼러 그루브 공법:35,000원	
	지그재그 형태의 도로	식재/ 화단 활용	(1㎡당) 124,100원		주차면 설치 (각도주차)	(1㎡당) 27,500원	
	차도폭 좁힘	식재/ 화단 활용	(1㎡당) 468,000원		주차면 설치 (각도주차)	(1㎡당) 27,500원	
	과속 방지턱	도로폭 전체에 대해 설치	B=3600,W (도로폭) =6000에 설치되는 과속방지턱 1EA당:263,000원		이미지 험프, 소형과속 방지턱	(B=3600,W(도로폭) =6000)에 설치되는 이미지 과속방지턱 1EA당 : 3,000원	
횡단시설	고원식 횡단보도	차도노면에 사다리꼴 모양의 횡단면을 갖는 구조물 설치	(1㎡당) 47,000원		이미지로 표현할 수 있으나 휠체어 등 교통약자 이동에 제약	1.노면 마킹(1㎡당) (1)융착성도료형 수동식/실선,백색 :6,500원	
	보행섬식 횡단보도	중앙분리대, 안전섬 설치	(1㎡당) 40,000원		노면마킹과 시선 유도봉으로 보행섬 표시	1.노면 마킹(1㎡당): 6,500원 2.시선유도봉 (1EA당) : 80,000원	
기타시설	보도형 방호 울타리	빙호울타리 설치	(1m당) 110,000원		화분 (주민관치) 설치		

〈출처〉 국토해양부, 보행우선구역 사업효과 분석·평가-보행우선구역 시범사업지 연구, 2009   자료 : 09년 상반기 실적공사비

Global Street Design Guide

보행자 중심의 가로 환경 개선은 범지구적으로 퍼져나가고 있다. 2016년 세계 도시설계 이니시어티브(Global Designing Cities Initiatives)와 전미도시교통공무원연합회(NACTO, National Association of City Transportation Officials)의 이름으로 여러 전문가들이 참여해 제작한 세계 가로 디자인 가이드 Global Street

Design Guide(이하 GSDG)에서는 보행자를 위한 가로 설계방안에서 가로를 이용하는 주체인 보행자의 다양성(유아, 노인, 휠체어 이용자)과 속도를 고려하면서 안전하고 편안한 보행 네트워크를 만들 것을 제시한다. 이에 더해 보행자를 위한 설계요소로서 보도, 횡단보도, 보행섬, 내민보도(sidewalk extentions), 조명, 의자 등 앉을 수 있는 시설, 눈·비로부터의 보호, 단차연결 램프(ramps), 시각장애인 배려, 안내표지판, 잔여시간표시 보행신호기, 연석, 휴지통, 건물과의 연결, 나무와 조경 등을 제시하고 구체적인 유형 및 설계방안을 설명하고 있다. 특히 가로의 다양한 폭원별 설계 방안, 인접한 건물과의 관계, 다양한 횡단보도 유형 및 고려요소, 보행자 대피소, 가로의 장소성 부여 방안 등에 대한 설명이 매우 자세하다. 또한 세계 주요 도시에서 이루어진 가로환경 개선 사업의 사례를 사업 전후로 비교하고 있어 보행자 중심의 가로계획 및 설계에 유용하게 참고할 수 있다. <그림 4-20>은 Global Street Design Guide에서 폭 52m 광로를 보행자와 자전거를 위한 도로로 바꾸는 설계 대안을 보여주고 있다. 기존 편도 4차로 도로의 횡단면 구성을 조정해서 차로수는 2개로 줄이고 자전거 도로를 추가로 설치하고 식재와 노상 주차면도 추가로 제공하는 설계안을 보여 주고 있다. 아울러 횡단보도를 설치하면서 보행자 대기공간을 확보하기 위해 가운데 대피섬을 두고 보도를 확대한 것 등이 눈에 띤다.

<그림 4-20> 폭52m 도로의 설계변화

 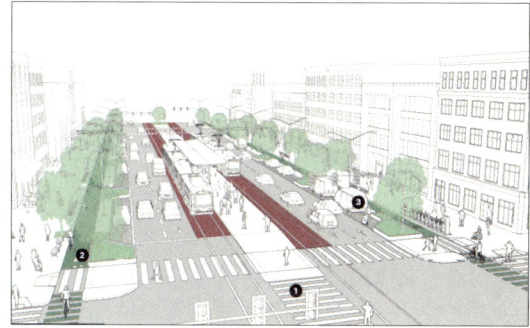

<출처> Global Street Design Guide, 2016

4.6 주민참여와 유지관리

주민참여[42]

　도시에서 가로의 기능과 역할은 시민이 요구하는 대로 정해진다. 자동차의 편리성을 만끽하고자 하는 사람들의 요구가 강할 때 가로는 차를 위해 존재하는 공간이 된다. 하지만 사람들은 지나친 자동차 이용이 초래하는 보행자 교통사고, 혼잡, 이웃과의 소통 단절 등 사회적 불편을 경험하면서 점차 사람 중심의 가로 설계를 요구하게 되었다. 최초의 보행자 중심 가로인 본엘프는 사람 중심의 생활도로를 만들기 원했던 주민의 요구로 만들어졌다. 이는 차량 중심의 도로를 사람 중심의 가로로 전환하기 위해서는 주민의 요구와 참여가 중요함을 시사한다.

　주민의 요구로 보행자 중심의 가로사업이 시작되었다 하더라도 가

---

42) 보행우선구역 표준설계매뉴얼에서 재구성

로의 운영방식이 바뀌면 영향 받는 사람들의 반대에 부딪히기도 한다. 특히 주차금지구역의 지정, 일방통행의 시행, 횡단보도 위치의 변화 등은 주변 건물 이용자에게 불편을 초래할 수 있고 건물의 재산가치에도 영향을 미치기 때문에 세심한 배려와 협의가 필요하다. 일방적으로 사업을 추진하려하면 자칫 주민들 사이의 갈등을 낳는 원인이 되기도 한다.

따라서 보행자 중심의 가로를 잘 만들기 위해서는 주민들의 요구사항을 알아야 하며, 사업 추진시 발생할 수 있는 갈등 요인에 대한 고찰 및 이를 극복하기 위한 적극적인 대화와 협력이 요구된다. 주민참여는 주민들의 요구를 모으고 주민과 주민, 주민과 사업추진주체인 공공 사이의 갈등을 최소화하는데 꼭 필요한 소통의 창구이자 절차이다.

보행자 중심의 가로 사업 때문에 초래되는 주민 사이의 갈등 유형은 주차금지구역의 지정 및 주차면 축소, 차량진입금지, 일방통행, 횡단보도 위치조정 등이 대표적이다. 공로(公路)이기는 하나 집 앞에 항상 주차를 해오던 주민이 어느 날 갑자기 주차를 더 이상 못하게 된다면 새로운 정책에 반대할 가능성이 크다. 원래 양방향 통행이 가능하던 곳이 일방통행으로 바뀌면 차량의 우회거리가 크게 늘어나 주민들이 반대하기도 한다. 횡단보도 옆에 있어 유동인구가 많은 상점을 운영하던 사람들은 횡단보도가 다른 곳으로 옮겨질 경우 상점을 찾는 사람들이 줄어들까 걱정하기 마련이다.

이렇듯 보행자 중심의 가로사업은 공공의 이익을 위해 추진되지만 일부 주민들의 일상생활에 혼란이나 불편을 초래할 수 있으며 재산상의 불이익을 가져오기도 한다. 따라서 주민들에게 새로운 보행자 중심의 가로사업의 취지가 무엇인지 구체적으로 설명하고 주민들이 얻게 되는 편익이 무엇인지 설명하고 이해를 구할 필요가 있다. 또한 적극적으로 주민들이 원하는 사항이 사업내용에 반영되도록 노력해야 한다.

전통적인 주민참여 방식은 공청회이다. 하지만 공청회의 개최를 통해 새로운 사업에 직접적 영향을 받는 주민들의 의견을 충분히 반영하기는 어렵다. 너무 많은 사람이 참여하는 공청회에서는 각자 이해가 다른 주체가 충분히 토론하고 협조할 수 있는 계기를 만들기보다 서로 자신의 이해만 주장하다가 시간을 보내는 경우가 많다. 또한 많은 사람들이 참여하는 공청회는 자주 개최하기도 어렵다.

이런 차원에서 다양한 주민들의 의견을 대변할 수 있는 주민협의체를 구성하여 사업시행 초기인 계획단계부터 운영하는 것이 바람직하다. 주민협의체에는 주민자치위원, 통반장 등 공식적 모임의 대표뿐만 아니라 상인들의 의견을 대변하는 상가번영회, 임대상인 모임, 건물주 모임, 녹색 어머니회, 기타 동호회 모임 등의 대표가 참여하면 보다 적극적인 참여와 의견제시가 가능하다. 한편, 주민협의체 구성원별로 다시 소규모 그룹별 모임을 자주 개최하여 사업의 계획을 설명하고 주민의 의견을 반영하는 과정을 거치는 것이 바람직하다.

아울러 보다 많은 주민들이 사업계획이나 설계내용을 이해하고 의견을 개진할 수 있도록 주민센터나 인터넷을 통해 홍보하는 노력도 중요하다. 사업의 계획이 승인되고 사업이 시행될 때에 맞추어 지역주민 축제를 개최하면 새롭게 만들어질 보행자중심가로가 어떤 모습인지 미리 알리는데 효과적일 수 있다. 어린이들을 대상으로는 기존의 학교 가는 길이 어떤 재미와 위험요소가 있었는지, 보행자 중심의 가로가 만들어지면 이들이 어떻게 달라질지 토론하는 기회를 가질 수도 있다. 이러한 주민참여 과정에서 전문가들이 사업내용을 설명할 때는 가급적 쉬운 용어로 다양한 그림, 사진, 동영상 자료를 이용하여 많은 사람들의 이해를 높이기 위해 노력해야 한다.

보행자 중심의 가로 만들기 사업이 주민 사이의 갈등만 초래하는 것은 아니다. 중앙정부와 지방정부는 사업 인허가나 예산 배분 때문에 의견차이가 날 수 있다. 지자체는 보행자도로를 만들고 싶지만 지방경찰청은 차량 교통 혼잡의 이유로 반대할 수도 있다. 소방당국과 협의 없이 사업을 추진하다가 대형 소방차가 진입할 수 없는 가로를 만들 수도 있고 대형버스가 운행되는 도로에서 정류장 등의 공간이 반영되지 않을 수도 있다. 이런 식의 다양한 갈등 요인을 염두에 둔다면 소방청, 경찰청 등 관계 행정기관, 대중교통운영기관 등과의 의사소통도 중요하다.

시설물 유지관리[43]

보행자중심의 가로 설계 이후에는 보행자를 지원하기 위해 설치되는 다양한 시설들이 원래의 기능을 지속적으로 유지할 수 있도록 정기적으로 점검하고 필요시 이를 정비해야 한다. 일반적으로 보행시설물들을 관리하기 위해서 시설별로 관리대장을 만들어 일별, 주별, 월별로 상태를 점검하고 필요시 보수, 교환, 재설치 등의 과정을 거친다.

보행 관련 시설물의 유지관리 단계에서도 주민들의 참여를 이끌어내면 현재 시설물이 지니는 문제점을 보다 신속하게 파악할 수 있다. 이를 활성화하기 위해 전화, 인터넷, 스마트폰을 이용한 주민신고센터를 적극 활용할 수 있다.

하지만 유지보수 이전에 보행관련 시설물들의 설치가 적절히 이루어졌는지 검토하는 감리제도가 활성화될 필요가 있다. 과속방지턱의 높이가 규정에 맞는지, 새로 심어진 나무 때문에 운전자 시야가 가리는 상황이 발생하지는 않는지, 횡단지원시설은 적절한 위치에 만들어졌는지, 유효보도폭이 확보되었는지, 경사는 기준치 이하인지 등을 확인하는 절차가 필요하다. 이러한 감리제도는 유지보수 비용을 최소화하는 장점이 있다. 그러나 감리자체가 상당한 비용요인이 될 수 있으므로 가급적 적은 인력이 최소한의 시간으로 감리를 진행하는 방안을 찾을 필요가 있다. 또한 감리 단계에서 교통안전분야에서 시행되

---

43) 보행우선구역 표준설계매뉴얼에서 재구성

는 도로안전진단(Road Safety Audit) 제도를 벤치마킹하여 안전측면의 취약점을 찾아 고치는 노력을 펼친다면 보행자 관련 교통사고를 줄이는데 도움이 될 것이다.

효과평가

보행자 중심의 가로 계획 및 설계가 실제로 그 효과를 나타내는지를 평가하는 것은 향후 유사한 설계에서 시행착오를 줄이는데 큰 도움이 된다. 특히 속도저감시설, 횡단지원시설, 보행안전시설 등이 설계자의 의도에 맞게 제 효과를 내고 있는지 평가할 필요가 있다. 만약 효과가 없다면 설치 위치나 유형, 제원 측면에서 적정성 여부를 검토할 필요가 있다. 이런 과정을 통해 보행자를 위한 다양한 시설물의 설치 위치 및 규격에 대한 디자인 가이드를 더욱 구체화할 수 있을 것이다. 효과 평가에서 흔히 사용될 수 있는 지표(MOE, Measures of Effectiveness)는 〈표 4-11〉과 같다.

〈표 4-11〉 보행환경개선 사업의 효과평가 지표 사례

구분		평가항목	내용	평가지표
목적	목표			
안전성	안전성	교통사고건수	교통사고 감소 건수 및 비율	건, 감소율(%)
		교통사고 사상자수	교통사고 사상자수 감소분	명(사망, 중상, 경상자), 감소율(%)
		긴급차량 통과 도로폭 확보여부	긴급차량 도로폭 확보 여부	긴급차량이 통행할 수 있는 도로의 연장/ 도로총연장(비율)
		차량평균 주행속도	차량의 주행속도변화	가로별 평균주행속도 변화(km/h, %)
		가로등 등 야간조명 적절성	가로등, 야간조명 설치	조명시설수/ 전체도로연장(개/km)

구분		평가항목	내용	평가지표
목적	목표			
쾌적성	쾌적성	식재	조성된 식재 증가량	식재 수(그루), 증가율(%)
		휴게공간(면적)	휴게공간 면적 증가	면적(㎡), 증가율(%)
		불법노점상 정비	노상에서 영업하는 불법노점상의 감소분	불법노점상 영업수(개소), 불법노점상 영업 개소 감소율
이동 편리성	이동 편리성	보행공간(면적)	보행공간(면적)의 증가분	면적(㎡), 증가율(%)
		보행량	보행량 증가량	인/시, 증가율(%)
	접근 연결 연속성	횡단보도 등의 횡단시설	주요 가로에서의 횡단시설의 증가분	개소수
		보행 네트워크 연장	주요시설 및 거점을 연결하는 보행네트워크 연장 증가량	거리(m), 증가율(%)
	교통 약자 고려	턱낮추기	턱 낮춤 목표 달성도	턱낮추기 설치 개소수/ 턱낮추기가 필요한 개소수
		점자블록	점자블록 설치 목표 달성도	점자블록 설치 연장 /점자블록 필요 연장
		유효보도폭	최소유효보도폭 미달성 구간 연장 비율	최소유효보도폭 미만 구간연장/전체보도연장
		교통약자 보행량	교통약자 보행량 증가량	인/시
추가 고려 사항	차량 교통 영향	불법주차 건수	불법주차 감소량	대수, 감소율(%)
		교통량 변화	첨두시 평균 교통량 변화	대/시, 변화율(%)
		총 통행시간 변화	구역내 차량의 총 통행시간 변화율	시간(분)
		총 차량 주행거리 변화	구역내 차량의 주행거리 변화량	거리(m, km)
	경제성	매출액	주변 상기매출액	원
		부동산 가치	건물, 토지의 시장 가치	원
		설계비	구역전체의 설계비	원
		시공비	구역전체의 시공비	원
	만족도	보행자 만족도	지역주민 혹은 보행자 만족도	5점 혹은 9점 척도
		상점 만족도	상점 운영자 만족도	5점 혹은 9점 척도
		주민 만족도	지역주민 만족도	5점 혹은 9점 척도

〈출처〉 국토해양부, 보행우선구역 사업 중장기 추진방안, 2009

참고문헌 (Endnotes)

1. 「보행안전및편의증진에관한법률」제10조에는 동법 제9조에서 지정한 보행환경개선지구에 대해 보행환경개선사업을 시행을 규정하고 있어 용어상 혼선이 있을 수 있으나 이 책에서는 관련 보행환경개선사업 전반을 총칭하는 일반적 용어로 사용하고자 함
2. 국토해양부, 보행우선구역 표준설계매뉴얼, 제1권 계획매뉴얼, 2008
3. Department for Transport, Shared Space, Local Transport Note 1/11, 2011
4. Ben Hamilton-Baillie, "What is Shared Space?"(PDF). Retrieved 2008-10-16.
5. Department for Transport, Shared Space, Local Transport Note 1/11, 2011
6. 정경옥, 설재훈, 박병정, 완전도로(Complete Streets) 구현방안 연구, 2011
7. Home Zones: A planning and design handbook, Mike Biddulph, 2001
8. Home Zones go Downtown: The Evolution of Shared Space in Switzerland, Christian Thomas for the International Federation of Pedestrians, 2006
9. 참고 : 커뮤니티죤 형성매뉴얼, 日本 交通工學研究會, 1996
10. ZONE 30 도입 등 보행안전 증진방안 마련 공청회 자료집, 경찰청, 2008
11. Kraay J.H.(1986) Woonerven and other experiments in the Netherlands. Built Environment, 12(1).
12. Moiody,S. and melia, S.(2013) Shared space: Research, policy and problems. Proceedings of the Institution of Civil Engineers-Transport
13. MVA Consultancy, DfT Shared Space Project, Stage 1: Appraisal of Shared Space, 2011.
14. Litman, T.(2013) Evluating Complete Streets-the value of designing roads for diverse modes, users and activitie, Victoria Transport Policy Institute.
15. Webster D, Tilley A, Wheeler A, Nicholls D and Butress S(2006) Pilot Homezone schemes: summary of the schemes. TRL Report TRL654, TRL, Crowthorne.
16. Chris McBeath(2009) Home Zones: Shared Streets in Halifax, PLAN 6000.
17. Elvik, R.(2001). Area-wide urban traffic calming schemes; A meta-analysis of safety effects. In: Accident Analysis and Prevention, vol. 33, nr. 3, p. 327-336.
18. SWOV Fact sheet, Zones 30: urban residential areas, 2010.
19. Wegman, F., Dijkstra, A., Schermers, G. & Vliet, P. van(2006). Sustainable Safety in the Netherlands: evaluation of national road safety program. In: Transportation Research Record no. 1969, p. 72-78.
20. Wegman, F., Dijkstra, A., Schermers, G. & Vliet, P. van(2006). Sustainable Safety in the Netherlands: evaluation of national road safety program. In: Transportation Research Record no. 1969, p. 72-78.
21. http://walk.mltm.go.kr, [2014.04.25. 접속]
22. Jan Gehl과 Birgitte Svarre(2013) How to study public life, Island Press.

제5장

보행과 도시

제5장 보행과 도시

5.1 걷기 좋은 도시 Walkable City

보행자 중심의 가로환경은 도시개발 단계에서부터 세심하게 고려될 필요가 있다. 도시 규모가 걸어서 끝까지 갈 수 있을 만큼 작으면 그 안에서 업무, 교육, 쇼핑, 여가 생활 등을 모두 해결할 수 있어 굳이 자동차를 이용하기보다 걷는 사람이 많아질 것이다. 걷기 좋은 도시를 어떻게 만들 수 있는지 설명하기 위해 우선 걷기 좋은 도시가 왜 중요해졌는지 설명한다.

차량 중심의 저밀 도시개발

우리나라 도시는 대체로 버스, 지하철, 철도 등 대중교통이 발달되어 있고, 걸어서 다양한 도시생활을 누릴 수 있는 주택단지가 많다. 이는 우리나라 도시개발에서 저밀도보다는 중밀 또는 고밀을, 그리고 주거와 상업이 섞인 복합토지이용을 선호하기 때문이다. 복합토지이용을 허용하기 때문에 상업시설의 입지가 자유로우며 또 밀도가 높은 개발이 이루어지기 때문에 대중교통이 잘 운영될 수 있는 것이다.

반대로 미국의 도시들은 자동차 위주의 저밀 개발이 흔하고 주거와 상업 용도가 복합적인 건물도 드물다. 이렇다 보니 사람들이 이용할 시설들이 멀리 떨어져 있을 수밖에 없다. 걸어 다닐 수 있는 거리가 아니다. 그나마 대중교통이 잘 갖추어져 있다면 다행이겠으나 그렇지 않으면 선택할 수 있는 유일한 수단이 차를 이용하는 것이다.

이렇게 차량을 주요 교통수단으로 삼고 단일건물, 단일용도의 토지 이용이 이루어진다면 저밀 도시개발이 불가피하고 그만큼 사람들의 이동거리는 길어진다. 어쩌면 차량이 도시교통수단의 기본이 되어야 한다고 인식했기 때문에 이런 도시개발을 자연스럽게 받아들였을 수도 있다.

교외화의 촉진과 도로 확충

차량 중심의 도시개발은 토지가격이 비싼 도심에서 벗어나 도시 가격이 저렴한 교외개발을 촉진시키는 요인으로 작용한다. 도심을 벗어나 개발하더라도 도로만 잘 만들면 차량을 이용해 도심과 빠르게 연결될 수 있기 때문이다. 미국 도시의 교외화는 자동차와 도로를 따라 점점 외곽으로 확대되었다. 이렇게 도시가 무분별하게 교외로 확장되는 현상(urban sprawl)은 자동차 중심의 도시개발이 이루어지는 한 사라지기 어렵다. 교외화는 이에 더해 도심에 거주하는 사람들의 수를 줄어들게 하는 요인이 된다. 좋은 주거지가 교외에 있으니 사람들이 교외로 이사하게 된다. 저녁이 되면 시내에서 사람이 사라지는 도심 공동화 현상이 가속화되는 것이다.

이렇듯 차량 중심의 도시개발은 교외화를 촉진하고 도로 확충의 필요성을 높인다. 출근 시간이 되면 사방에서 한꺼번에 도심으로 차량이 밀려들고 퇴근 시간에는 같은 시간에 같은 도로를 따라 교외로 빠져나가기 때문에 혼잡이 가중되고 이를 완화시키기 위해 도로를 더 지어야 한다는 주장이 설득력을 얻는다. 하지만 새로운 도로 건설로 교통혼잡이 완화되는 순간 더 많은 사람들이 차를 끌고 도심으로 들어온다. 기존에 대중교통을 이용하던 사람들이 자동차로 수단을 전환하기도 하고 도로 여건이 좋아진 만큼 새로운 주택단지가 추가로 만들어지기 때문이다. 도로의 확충으로 혼잡이 가중되는 악순환의 고리에 빠지는 셈이다. 이렇게 해서 도로가 도시에서 차지하는 면적의 비중은 점점 커진다. 예를 들어, 서울시의 경우 2012년 기준으로 가로(도로)면적이 차지하는 비율이 22.24%로 나타났다[44]. 이용 가능한 토지 중 상당한 면적을 차를 위해 할애한 셈이다.

교통정체현상을 줄이기 위한 효과적인 수단은 도로 확장이 아니라 도로공간을 줄이는 것이라는 주장도 제기된다. 영국의 Goodwin(1998)은 도로의 확충은 교통혼잡의 완화를 불러오고 좋아진 교통상황은 그동안 자동차 대신 대중교통을 이용했거나 아예 통행을 포기했던 사람들을 다시 도로로 불러오기 때문에 다시 혼잡해진다는 주장을 펼쳤다. 또한 유럽 여러 도시의 실제 사례를 통해 이를 증명한 바 있다.

---

44) 서울통계정보 시스템, stat.seoul.go.kr

넓은 도로와 슈퍼블록 그리고 교통사고

도로가 넓어지고 차로수가 늘어나는 것은 블록의 크기와도 관련된다. 소위 대형 건물 중심의 슈퍼블록이 도시개발의 기본단위가 되면서 도로는 더 넓어지고 걷기에는 더 불편해지고 있다. 슈퍼블록은 현대 도시의 외관을 크고 높은 건물 그리고 그 사이로 난 넓은 도로를 자동차가 질주하는 모습으로 특징짓게 만드는 주요 원인이다. 사람이 도시의 중심이 되었던 과거 도시개발에서는 찾아볼 수 없었던 요소이다. 블록의 면적이 커졌으므로 건물과 건물 사이로 이동하기 위해 보행자들이 걸어야 하는 거리는 더 늘어난다. 그러나 넓고 높은 건물 주위를 걷는 것은 그다지 매력적인 일이 아니다. 비슷한 외관의 건물을 보며 걷는 것이 그리 유쾌하지 않다. 도시는 사람이 아니라 차를 위해 만들어진 것이라는 착각을 불러일으킬 정도이다. 그만큼 걷는 사람이 줄어든다. 걷는 사람이 줄어들면 거리가 위험하게 느껴지고, 위험한 느낌은 걷는 사람을 더욱 줄어들게 만드는 악순환을 초래한다. 이는 사람들의 운동량 부족으로 이어져 비만, 고혈압, 심장질환 등의 위험이 높아지며 그만큼 사회적 비용 지출도 늘어난다.

자동차 중심의 도시개발로 도로가 넓어지면 교차로도 넓어진다. 교차로가 넓어지면 횡단하는 보행자와 차량과의 충돌 위험이 그만큼 커지기 마련이다. 횡단하는 거리와 시간이 늘어나기 때문이다. 여기에 차량들의 속도마저 빠르다면 차와 보행자가 충돌할 경우 보행자의 중상 혹은 사망 가능성이 커진다. 또한 보행자 횡단시간이 늘어나는 만큼 신호주기가 길어진다. 그만큼 교차로 대기시간이 늘어나 전체적으로 교통흐름이 나빠진다. 또한 긴 신호주기는 보행자나 차량 운전자 모두 다음 신호를 차분히 기다리기보다 이번 신호에 통과하려고 과속을 하거나 뛰게 하는 원인이 되기도 한다.

걷기 좋은 도시의 의의

이렇듯 차량 중심의 도시개발은 토지이용 효율이 떨어지는 도로의 면적만 넓히고 보행량을 줄여 도시의 활력을 떨어뜨리며 사람들의 건강도 해친다. 걷기 좋은 도시는 이러한 문제를 인식하고 해결하기 위한 노력에서 시작되었다. 걷기 좋은 도시 Walkable City란 업무, 교육, 쇼핑, 문화 등의 도시 활동을 차를 이용하지 않고 걸어서 수행할 수 있는 도시를 말한다. 걷기가 도시 내부의 주된 교통수단이 된다는 의미이다. 사실 자동차 중심의 현대도시가 만들어지기 전 대부분의 도시는 걷기 좋은 도시였다. 지금도 중소규모의 유럽도시들은 걷기 좋은 도시의 전형을 잘 보여준다. 도시의 공간적 규모와 기능의 배치가 휴먼 스케일에 맞추어져 걷기에 좋기 때문이다. 어쩌면 걷기 좋은 도시는 탈자동차 도시 이후의 미래 도시 모습을 과거의 경험에 현재와 미래의 요구를 담아 다시 만들어가는 과정으로 이해할 수도 있다.

'걷기 좋은 도시'(Walkable City(역서명: 걸어다닐 수 있는 도시))의 저자 Speck(2012)은 '걷기 좋은 도시'가 미국에서 중요한 이유를 자동차 이용의 감소와 노인인구의 증가에서 찾는다. 전후 베이비

부머 세대와 달리 요즈음 젊은이들은 차량 이용을 많이 줄였다. 전체 차량주행거리에서 20대가 차지하는 비중은 1990년대 후반 20.8%였던 것에서 2010년대에는 13.7%까지 줄어들었다. 이는 젊은 사람들이 교외보다는 도심에서 생활하는 것을 더 선호하기 때문이다. 도심에서는 차가 없어도 일상생활을 유지하는데 큰 불편이 없다. 걸을 수도 있고 자전거를 이용하거나 대중교통을 이용하기에 편리하다. 교외에서 아이들과 넓은 집에 살던 베이비부머 세대는 아이들이 독립하면서 더 이상 넓은 집에 살 이유가 없어졌다. 오히려 나이가 들면서 문화시설과 의료시설을 이용할 때 걸을 수 있는 도시가 생활하기에 더 편리하다는 인식이 자라나고 있다. 조지워싱턴 대학의 라인베르거 교수는 '걷기 좋은 도시'가 향후 수십 년간 부동산과 경기활성화의 기반이 될 것으로 예측한다. 의료산업이나 항공우주산업 클러스터를 만드는 것보다 경제적 파급 효과가 더 높을 것으로 예상한다. 실제로 걸어서 일상생활을 유지하는데 편리한 부동산 가격이 그렇지 않은 경우보다 더 높다. 우리나라 사례를 보아도 걸어서 통학이 가능하고 걸어서 지하철 이용이 가능한 아파트가 상대적으로 높은 프리미엄을 갖는다.

 미국에서 걷기 좋은 도시의 대표 격인 포틀랜드는 도시의 무분별한 확장을 막기 위해 개발제한구역을 지정하고 도로건설보다 대중교통에 투자한 결과 도심 활성화에 성공했다. 대중교통과 자전거 이용이 활성화되면서 걷는 사람이 늘어났고 그만큼 도심에서 레스토랑, 서점, 상점 등의 이용이 증가했다. 미국에서는 드물게 야간에도 걷는 사람이 늘어났다. 전과 달리 도시에 활력이 넘쳐나면서 1,200개가 넘는 기술회사의 본사가 위치하게 되었다. 이는 곧 젊은 인구의 증가를 의미한다. 포틀랜드 시는 1990년대부터 젊은 인구가 대거 유입되어 10년간 20~35세 대졸자 수가 50%나 증가했다. 도시가 전보다 부유해지고 젊어지고 건강해졌다.

따라서 기존의 자동차 중심 도시를 걷기 좋은 도시로 바꾸어 나가는 것은 자동차 이용을 줄이고 보행이라는 교통수단을 촉진하는 데에만 그치는 것이 아니다. 차로부터의 안전이 보장되고 걷기 좋은 도시공간이 만들어지면 사람들이 모여들고, 사람이 모이는 곳에 상업이 발전하고, 다양한 문화가 창출되며, 창조적 아이디어가 모여들기 마련이다. 자본이 모이고 다양성이 촉발되며 새로운 혁신이 일어나게 하는 촉매제가 될 수도 있는 것이다. 보행 중심의 도시개발은 이런 측면에서 앞으로 도시 재생 사업의 매우 비중 있는 몫을 담당할 것으로 기대된다.

5.2 보행도시 만들기 전략

보행권역 중심의 도시개발

보행도시 만들기의 시작은 걸어서 얼마나 많은 도시 활동을 할 수 있는지와 연관된다. 그래야 차를 이용하지 않을 수 있다. 따라서 도시개발단계에서부터 보행권역에 기반한 생활권 혹은 근린주구가 형성되도록 유도하는 것이 중요하다. 근린주구(近隣住區, Neighborhood Unit)란 초등학교를 중심으로 형성되는 주거단지로 도서관, 행정관청, 공원, 학교 등의 공공시설과 상업시설들이 입지하는 생활권을 의미한다. 이러한 근린주구가 보행권역인 반경 400m를 넘지 않는다면 상업, 여가, 교육, 행정 서비스 등의 도시활동을 걸어서 수행할 수 있어 불필요한 차량이용을 줄일 수 있다.

근린주구의 개념은 클래런스 페리(Clarence Perry)에 의해 처음 제안되었으며 <그림 5-1a>와 같다. 페리는 160에이커 정도의 땅에 초등학교가 필요한 정도의 인구가 거주하는 공간을 근린주구 단위로 제시한다. 여기서 눈여겨 볼 점은 근린주구의 크기를 1/4마일 즉 약 400m로 제시하였다는 것이다. 이는 걸어서 5분 정도의 거리를 의미한다. <그림 5-1b >는 페리의 근린주구 개념을 현대적으로 재해석한 것이다. 여기서도 근린주구의 크기는 약 400m, 걸어서 5분 거리이다. 다만 근린주구의 중심에 버스 정류장을 위치시키고 대로변에 주차공간을 지정한 점이 특기할 만하다. 즉, 대중교통과 자동차 주차공간을 같이 고려하고 있다. 상점은 중심에 위치할 수도 있고 다른 근린주구와의 경계에 위치할 수 있다. 전자는 내부 거주민을 위한 상점이고 경계부에 위치한 상점은 인접한 근린주구도 같이 이용하는 상점이 된다. 한편 대로변에 인접한 필지의 폭원을 더 좁게 제시하고 있다. 즉 도로 쪽으로는 좁지만 안쪽으로 길게 필지를 나눈다. 이렇게 되면 대로변을 걷는 보행자가 다양하게 배치된 건물과 상점을 보면서 공간의 변화를 더욱 분명하게 느낄 수 있다. 이른바 슈퍼블록으로 만들어질 경우 생기는 보행공간과 건물 사이의 단절, 건물의 단조로움을 피할 수 있는 방법이다.

<그림 5-1a> 페리의 근린주구 개념[45]

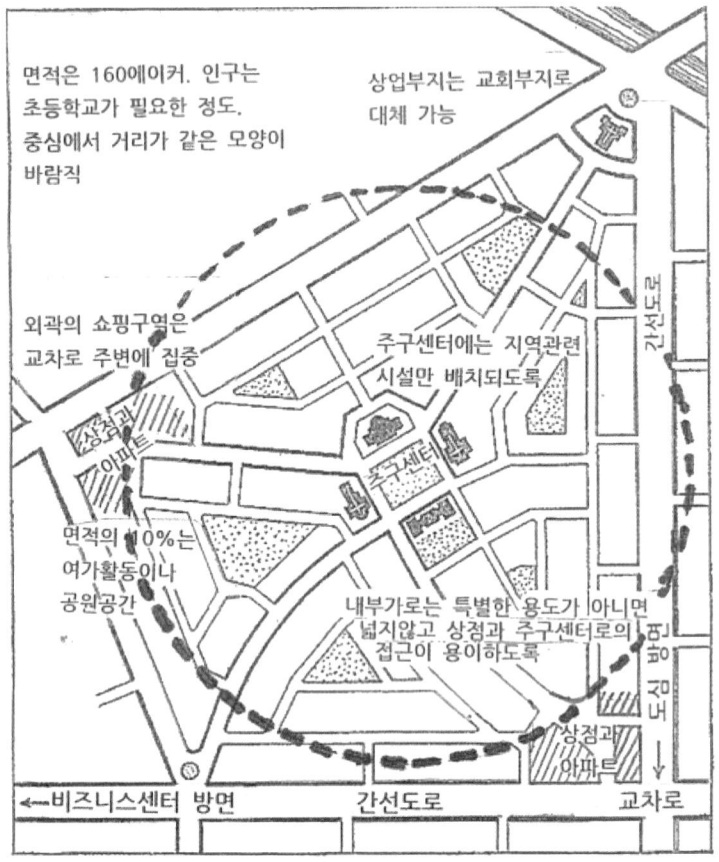

---

45) "New York Regional Survey, Vol 7" by Source. Licensed under Fair use via Wikipedia   https://en.wikipedia.org/wiki/File:New_York_Regional_Survey,_Vol_7.jpg#/media/File:New_York_Regional_Survey,_Vol_7.jpg (2015.10.1)

〈그림 5-1b〉 근린주구의 현대적 해석[46]

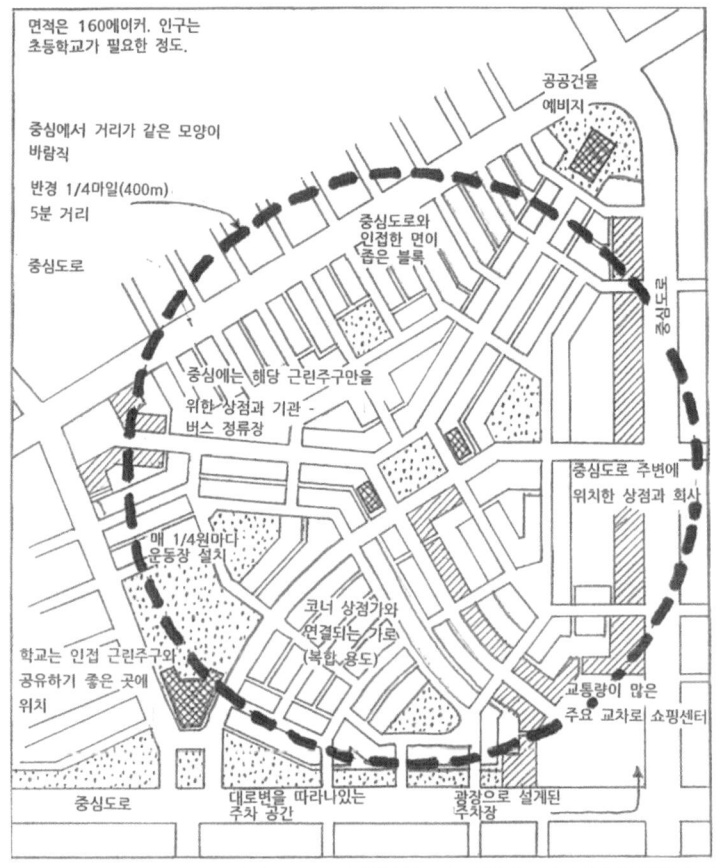

보행 중심의 도시를 개발하기 위해서는 〈그림 5-1b〉의 현대적 차원의 근린주구처럼 대중교통 정류장 및 노선, 주차장 위치가 토지이용계획과 조화되는지, 도보권역을 넘어서지는 않는지 검토해야 한다. 정류장까지의 거리가 1,000m 이상이라면 대중교통을 이용할 가능성은

---

46) http://www.placemakers.com/2012/08/30/the-five-cs-of-neighborhood-planning/
http://placeshakers.files.wordpress.com/2012/08/ruraltnd.jpeg

크게 줄어든다. 차를 이용할 사람이 늘어날 수밖에 없다. 학교, 관공서, 우체국, 체육센터, 도서관, 공원, 상점가까지의 거리도 도보권역을 넘어서면 걸어가기보다 차를 이용하고자 하는 욕구가 커진다.

 만약 도보권역을 넘어서는 넓은 지역의 개발이 이루어진다면 전체 개발구역을 수 개의 도보권역으로 나누고 이들을 버스, 노면전차, 지하철 등 대중교통으로 연결시키는 방법이 좋다. 즉 근린주구를 도시개발의 기본단위 혹은 모듈로 보고 이들이 유기적으로 연결되는 교통망과 서비스를 제공하는 것이 바람직하다. 만약 도보권역을 넘어서는 개발이 이루어진다면 이는 걷기 좋은 도시의 가능성을 근원적으로 포기하는 셈이 된다.

 최근에 개발되는 신도시는 근린주구의 도보권역 원칙을 얼마나 잘 만족시키는지 평가할 필요가 있다. 가령, 대중교통과 보행 중심의 도시개발을 표방한 세종시의 경우도 주요 대중교통수단인 버스급행체계 Bus Rapid Transit(BRT) 정류장에서 1km를 넘어서는 곳에 주거지 및 상업지가 분포한다. 이런 곳에 사는 사람들이 걸어서 도시생활을 영위할 것으로 기대하기는 어렵다. 이러한 검토는 도시재생사업에서도 주의 깊게 살펴야 할 요소이다. 1920년대 초반이나 2000년대 초반이나 도시생활공간의 기본이 되는 근린주구의 크기는 도보권역을 넘어서지 않았다는 점을 상기해야 한다.

차량공간의 축소

영국에서는 1990년대 중반 새로운 도로의 건설이 교통 혼잡을 줄이는데 효과적이지 않다는 주장이 폭넓게 받아 들여졌다. 새로 도로를 만들면 차량을 이용하는 통행수요가 더 늘어난다는 사실을 이해했기 때문이다. 그 증거로 런던 외곽순환고속도로인 M25를 꼽는다. 이 도로는 예정된 교통수요를 처리하고도 남는 도로용량으로 여유있게 만들어졌지만 여전히 막히는 구간이 생겼다. 도로를 새로 만들어봐야 혼잡만 가중된다는 점을 증명한 셈이다. 이를 도로 건설의 악순환이라고 한다.

이후 2000년대 초반 Cairns 등(2002)은 정반대의 질문을 던졌다. 도로의 용량이 줄어들면 혹시 혼잡도 줄어들 수 있지 않을까? 기존 도로에서 차로수를 줄이는 대신 보행이나 자전거 등 녹색교통수단을 위한 공간을 만들면 과연 차량의 혼잡은 더 가중될 것인지를 살펴보았다. 결론은 '그렇다'이다. 하지만 혼잡이 생각처럼 그렇게 심하지 않다는 점과 가로공간의 배분이 적절히 이루어지면 차량소통 이외의 다양한 정책 목표를 달성할 수 있다는 장점을 발견했다.

이를 증명하기 위해 70개 도로 사업을 검토하였다.[47] <표 5-1>에 의하면 세계 여러 도시에서 시행한 도심부 도로의 차로 축소나 폐쇄는 영향권 도로의 교통량을 평균 21.9% 감소시켰다. 버스 차로의 도입도 평균 5%의 교통량 감소를 가져왔다.

---

47) S.Cairns, S.Atkins and P.Goodwin, 「Disappearing traffic? The story so far」, 『Municipal Engineer』vol.151, 2002.

〈표 5-1〉 도로폐쇄나 축소로 인한 교통량 변화[48]

도로폐쇄 혹은 축소 사업명	사업지 교통량 변화		우회/대체도로 교통량 변화		교통량 변화율	
	Before(A)	After(B)	Before(C)	After(D)	(E)	
뉘른베르크 라타우스 광장 Nurnberg Rathausplatz 1988-1993 (5years)	24,584	0	67,284	55,824	-146.6	*
비스바덴 도심과 경계부 Wiesbaden city centre and boundary 1990-1992	1,303	366	8,445	7,968	-108.5	*
사우샘프턴 도심 Southampton city centre 1996-2000	5,316	3,081	26,522	24,104	-87.5	
뉘른베르크 라타우스 광장 Nurnberg Rathausplatz 1988-1989 (1year)	24,584	0	67,284	70,692	-86.1	*
타워 교량 폐쇄 Tower Bridge closure 1993 (1month)	44,242	0	103,262	111,999	-80.3	
파팅데일 레인 지역 Partingdale Lane local area 1997 (6months)	988	18	2,519	2,735	-76.3	
로더하이즈 터널 폐쇄 Rotherhithe Tunnel closure 1998 (1month)	40,000	0	245,381	260,299	-62.7	
호바트: 태즈먼 교량 붕괴 Hobart: Tasman Bridge collapse (14months)	43,930	0			-61.3	
오핑턴 시내중심가 폐쇄 Orpington High Street closure 1996 (3months)	1,105	760	7,084	6,847	-52.7	*
볼로냐 도심 Bologna city centre 1981-1989	177,000	87,000			-50.8	*
한신-아와지 대지진 Hanshin-Awaji earthquake 1995 (after highways restored)	252,900	103,300	205,900	233,600	-48.2	
고센버그 중심업무지 Gothenburg CBD 1970-1980	150,000	81,000			-46.0	*
뉴욕 고속도로 폐쇄 New York highway closure 1973 (2years)	110,000	50,000	540,000	560,000	-45.5	
에드먼턴 키네어드 교량 폐쇄 Edmonton-Kinnaird Bridge closure 1979 (3weeks)	1,300	0	2,130	2,885	-41.9	
뉴욕 고속도로 폐쇄 New York highway closure 1973 (1year)	110,000	50,000	540,000	560,000	-36.4	
해머스미스 교량 Hammersmith Bridge 1997- local area only (1month)	30,698	3,000	104,698	122,106	-33.5	
A13 폐쇄 A13 closure, 8 June 1996 (same day)	56,000	22,800	50,800	65,513	-33.0	
파팅데일 레인 지역 Partingdale Lane local area 1997 (3months)	988	21	2,519	3,190	-30.0	
A13 폐쇄 A13 closure, 1 June 1996 (same day)	56,000	19,722	50,800	71,463	-27.9	
옥스포드 스트리트 Oxford Street 1972 - 1st phase	1,800	950	4,050	4,400	-27.8	*
철의 포위망 '센트럴 코어' Ring of Steel 'central core' 1992-1994	160,000	120,000			-25.0	
A13 폐쇄 A13 closure, 15 June 1996 (same day)	54,200	26,804	52,200	67,347	-22.6	
아라우 Aarau 1988-1994 (evening peak traffic)	1,444	1,132	2,275	2,301	-19.8	
옥스포드 교통 계획 Oxford Transport Strategy 1999 (12months)	57,186	46,773			-18.2	*
함 Hamm 1991	21,500	18,000			-16.3	*
요크: 렌달 교량 폐쇄 York: Lendal Bridge closure 1978-1979 (1month)	16,290	0	49,100	62,800	-15.9	
루네베르크 Luneberg 1991-1994	106,002	90,597			-14.5	*
울버햄프턴 Wolverhampton 1990-1996 (within ring road)	81,500	69,750			-14.4	*
호바트: 태즈먼 교량 복구 Hobart 1975: Tasman Bridge restored 5months	43,930				-14.0	
볼로냐 도심 Bologna city centre 1972-1974	213,200	185,500			-13.0	*
리즈 다인승 전용차로 Leeds HOV 1998 (1month)	3,384	2,779	10,824	11,069	-10.6	
캠브릿지 - 브릿지 스트리트 폐쇄 Cambridge - Bridge Street closure 1997 (5months)	23,411	20,931			-10.6	#
옥스포드 버스 차로 Oxford bus lanes 1974-1975 (1year)	60,684	54,820			-9.7	#
캠브릿지 코어 트래픽 사업 Cambridge Core Traffic Scheme 1996-2000 (4years)	76,155	69,792			-8.4	
로마 프리에타 대지진 Loma Prieta earthquake 1989 (after restoration)	245,000				-7.5	
A104 교량 도로 버스 차로 A104 Bridge Road bus lane 1994 (1year)	34,070	31,102	81,609	82,121	-7.2	#
프라이부르크 순환도로 Freiburg ring road 1996-1997 (10months)	34,200	22,600	64,500	73,700	-7.0	#
옥스포드 도심 Oxford city centre 1974-1984 (10years)	60,684	56,599			-6.7	
요크 버스 차로 York bus lane (7weeks - 50% signal capacity)	681	650	600	594	-5.4	#
요크 버스 차로 York bus lane (1week - 67% signal capacity)	681	645	600	606	-4.4	#
카디프 버스 차로 Cardiff bus lanes 1993-1996	156,299	149,596			-4.3	*
고센버그 도심 지역 Gothenburg central urban area 1975-1980	320,000	307,200			-4.0	*
레스터 순환도로 - 오전 첨두시간 Leicester ring road - am peak 1999 (2months)	4,575	3,972	6,059	6,511	-3.3	
에딘버러 - 프린스 스트리트 폐쇄 Edinburgh - Princes Street closure 1997 (3months)	221,953	215,011			-3.1	*
M4 버스 차로 M4 bus lane 1999 (1year)	52,800	51,300			-2.8	#
노스리지 대지진 Northridge earthquake 1994 (after restoration)	698,000	670,000			-1.7	
노팅엄 트래픽 칼라 Nottingham traffic collar 1975-1976 (9months)	13,380	13,150			-1.7	
울버햄프턴 Wolverhampton 1990-1996	222,900	220,300			-1.2	*
캠브릿지 - 엠마뉴엘 도로 폐쇄 Cambridge - Emmanuel road closure 1999 (7months)	70,030	69,792			-0.3	
철의 포위망 '스퀘어 마일' Ring of Steel 'Square Mile' 1992-1994 (1year)	254,192	253,613			-0.2	*
에딘버러 - 프린스 스트리트 폐쇄 Edinburgh - Princes Street closure 1997 (1year)	221,953	221,834			-0.1	*

---

48) [(B+D)-(A+C)]/A × 100. 교통량 변화는 사업대상도로와 주변도로의 사업시행 전후 교통량 차이를 사업대상도로의 사업시행 전 교통량으로 나눈 값이다. S.Cairns, S.Atkins and P.Goodwin, 「Disappearing traffic? The story so far」, 『Municipal Engineer』 vol.151, 2002.

뮌헨 교량 폐쇄 Munich bridge closure 1988	32,000	0	71,000	103,000	0.0	
복스홀 교차 지역 Vauxhall Cross area 1999 (3months)	537,543	539,704			0.4	
오핑턴 고속도로 폐쇄 Orpington High Street closure 1996 (1year)	1,105	744	7,084	7,461	1.4	*
푸랑크푸르트 암 마인 교량 폐쇄 Frankfurt am Main bridge closure 1989	29,500	0	162,500	192,500	1.7	
웨스트민스터 교량 Westminster Bridge 1994-1995	41,739	41,284	90,276	91,626	2.1	
M4 버스 차로 M4 bus lane 1999 (2months)	52,800	54,000			2.3	#
캠브릿지 - 브릿지 스트리트 폐쇄 Cambridge - Bridge Street closure 1997 (2months)	31,869	28,781	44,286	48,338	3.0	*
노르웨이 - 스트리트 개선 Norway - Street enhancement 1991-1995	15,300	15,800			3.3	*
레스터 순환도로 - 오전 첨두시간 Leicester ring road - am peak period 1999 (2months)	10,935	11,212	7,542	7,918	6.0	
아라우 Aarau 1988-1994 (24h traffic)	18,292	17,244	26,512	30,093	13.8	
6개 도시 우회도로 프로젝트 Six Towns Bypass Project (1992-1995)	38,212	30,968	51,697	66,808	20.6	
리즈 다인승 전용차선 Leeds HOV 1998 (13months)	3,384	3,438	10,824	11,634	25.5	

 교통량을 줄이는 정책은 교통 흐름의 개선뿐만 아니라 교통사고 사상자 감소 (Gloucester), 도심 활성화(Cambridge, Oxford), 도시재생(Vauxhall), 상권 활성화 (Leicester) 등 다른 중요한 목적을 이루는데도 도움이 되었다. 하지만 교통용량을 줄이거나 도로를 폐쇄하는 등의 조치는 도시의 활력을 떨어뜨릴 수 있다는 비판이 제기되기도 했다. 실제로 옥스퍼드에서는 차량 진입 억제 정책의 시행으로 도심 진입 교통량이 20%나 감소했다. 이는 얼핏 도시의 경쟁력을 떨어뜨린 것처럼 보인다. 하지만 차량이 아닌 사람 중심으로 살펴보면 도심은 전보다 활성화 되었다. 도심 방문객 중 차를 이용하는 사람은 하루에 700~800명 감소하였지만 버스를 이용한 방문객은 2,000명이나 늘어나 전체적으로 방문객이 전보다 더 늘어났다. 이는 교통량을 억제하는 정책이 오히려 도시 활성화에 도움이 될 수 있음을 시사한다.

 도로건설의 악순환을 막기 위해 차량공간을 줄이고 보행이나 자전거 등 녹색교통수단의 공간을 늘리는 것이 중요하다. 하지만 이에 더해 버스나 지하철 등 대중교통수단의 서비스 수준을 높이는 것도 중요하다. 더 쾌적하고 빠르며 자주 다니는 대중교통서비스가 제공되어야 한다.

대중교통중심의 도시교통체계

도시부에서 승용차와 대중교통 서비스는 서로 균형을 이룬다는 주장이 있다. 다시 말해, 승용차의 통행시간과 대중교통의 통행시간이 서로 같아지는 방향으로 사람들의 교통수단 이용 행태가 바뀐다는 것이다. 도로 사정이 좋지 않으면 대중교통을 이용하려는 사람이 많아지고, 반대로 대중교통 사정이 좋지 않으면 도로를 이용하려는 사람이 많아진다는 것이다. 따라서 도시에서 대중교통이 매력적으로 변하면 차량을 이용하던 사람들이 대중교통으로 전환되어 도로의 혼잡이 완화된다는 주장이다.

영국의 J.M. Thomson은 1977년 <대도시와 교통, Great Cities and their Traffic>이라는 책에서 Wardrop (1952)이 제안한 경로 통행시간의 균형이론을 확장시켜 교통수단들 사이의 균형이론을 제시하였다. 다시 말해, 도로망에서 특정한 기·종점을 연결하는 다양한 경로들의 통행시간은 서로 같아진다는 Wardrop의 균형이론과 비슷하게 교통수단 측면에서 대중교통과 승용차의 서비스 수준(통행시간, 속도 등의 측면에서)은 서로 비슷해지려는 경향이 있다고 주장하였다. 먼저 Wardrop의 균형이론(제1균형이론)은 다음과 같이 정리된다.

"사용된 모든 경로의 통행시간은 모두 같으며, 사용되지 않은 경로의 (만약 어떤 개별 차량이 이런 경로를 사용한다고 가정했을 때의) 통행시간과 같거나 그보다 적다." (Wardrop, 1952)

Wardrop의 균형이론은 교통수요분석 모형으로 가장 흔하게 사용되는 4단계 모형 중에서 마지막 단계인 통행배분(traffic assignment) 모형의 기본이론으로 사용된다. 즉, 특정 기점과 종점을 이동하는 차량 통행량이 배분된 경로의 통행시간은 이용 가능한 다른 경로의 통행시간보다 적거나 같아지는 방법으로 통행배분을 실시한다. 현존하는 대부분의 통행배분 모형들 예를 들어, 사용자 균형 통행배분법(user equilibrium assignment), 확률적 사용자 균형 통행배분법(stochastic user equilibrium assignment) 등은 Wardrop의 균형이론을 근거로 하고 있다. Thomson(1977)은 이러한 Wardrop의 균형이론을 확대시켜 교통수단간 균형이론을 다음과 같이 주장하였다.

"개인교통수단과 대중교통수단 중 어떤 수단을 이용할 지의 결정권이 개별 통행자의 자유의사에 맡겨진다면, 두 시스템(수단)의 전반적인 매력도가 같아지는 균형상태에 도달할 것이다. 왜냐하면, 둘 중 어느 한 수단이 다른 수단에 비해 빠르고 저렴하며, 쾌적하다면 통행자들이 그 수단으로 이동하게 되어 그 수단은 더 복잡해지고 다른 수단은 그만큼 덜 이용될 것이다. 이런 식의 이동이 둘 중 다른 수단으로 이동하여 얻을 수 있는 장점이 없다고 판단될 때까지 지속되기 때문이다. … 사실, 첨두시 승용차의 서비스 수준은 대중교통수단의 수준과 같아지려는 경향이 있다. … 첨두시 승용차의 통행시간을 개선시키려는 모든 노력은 대중교통수단의 통행시간 개선 노력과 병행되지 않는다면 실패할 것이다. 불행하게도, (도로) 용량을 증대시켜 차량흐름을 개선시키려는 노력은 (대중교통) 요금을 지불하는 통행자를 대중교통으로부터 멀어지게 하므로, (대중교통) 요금을 증대시키고 서비스를 악화시키는 요인으로 작용하기 때문에 대중교통의 질적 저하를 초래한다. 이런 경우 대중교통과 개인교통수단 사이의 통행이동은 새로운 균형상태에 도달할 때까지 계속될 것이며, 이 때 양쪽의 서비스 수준은 과거보다 나빠지게 된다."(Thomson, 1977)

Thomson의 주장을 요약하면 승용차의 통행여건 개선을 위한 도로의 확충 등 도로 용량 증대 노력은 대중교통 이용자들을 승용차로 끌어들이기 때문에 대중교통의 질적 저하를 유발할 뿐만 아니라 승용차 이용을 증대시켜 도로 여건을 오히려 악화시키며, 이에 따라 승용차와 대중교통 모두 전반적인 서비스 수준이 이전보다 나빠지는 상태로 새로운 균형상태가 형성된다는 것이다. <그림 5-2>은 Thomson의 균형이론을 그림으로 보여주고 있다.

<그림 5-2>에서 보듯 도시부 도로의 확충은 도로 소통 여건을 개선

시켜 대중교통에서 승용차로 전환되는 통행량을 증대시킨다. 그 결과 대중교통 운영자는 요금수입 저하로 경영에 어려움을 겪게 되고 이 때문에 대중교통의 서비스 수준은 과거보다 나빠지게 된다. 한편, 도로에는 교통수단을 대중교통에서 승용차로 전환한 사람들이 늘어나면서 점차 소통상태가 악화되고, 어느 순간 대중교통과 승용차의 서비스 수준은 균형을 이루는데 그 상태는 이전의 서비스 수준보다 낮아진다.

  Thomson의 균형이론은 도시부에서 도로확충이 유발하는 악순환을 설명하기도 한다. 즉, 도로확충으로 나타난 낮은 서비스 수준에서의 균형상태를 개선하기 위해 도로를 더 확충한다면, 대중교통의 서비스 수준과 도로의 소통상태는 더욱 악화된다는 것이다. 이러한 모순된 현상을 학계에서는 이와 유사한 이론을 제시한 미국의 교통경제학자 Anthony Downs[49]를 포함시켜 Downs-Thomson Paradox라고 부른다. 이후 Mogridge (1985)는 Thomson의 균형상태가 존재할 수 있음을 런던과 파리 사례를 통해 보여주었다.

---

49) Downs, A, 「Stuck in Traffic」, Brookings Institution Press, 1992.

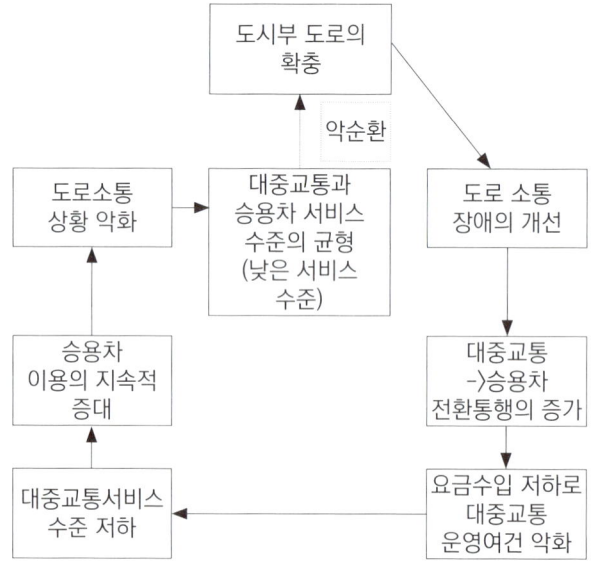

〈그림 5-2〉 Thomson의 균형이론 및 도로확충의 악순환 (Downs-Thomson Paradox)

    Downs-Thomson-Mogridge의 역설은 도시에서 대중교통 서비스가 전체적인 교통서비스의 수준을 결정할 수 있음을 보여준다. 가령, 차량 혼잡이 심한 도시에서 중앙버스전용차로를 만들거나 지하철 등이 확충된다면 승용차 이용자들은 승용차를 포기하고 대중교통으로 수단을 전환할 수 있다. 이러한 전환은 대중교통 서비스와 승용차 서비스가 같아질 때까지 계속될 것이다. 즉, 대중교통의 통행시간이 승용차에 비해 짧고 비용도 싸며, 통행시간의 신뢰도가 높다면 승용차 이용자들이 대중교통으로 전환할 수 있음을 보여준다. 이렇게 될 경우 도로에서 빠져나간 승용차 때문에 도로의 정체는 완화될 수 있게 된다. 이에 더해 대중교통 운영회사는 영업이익이 늘어나 서

비스를 더 개선할 수 있는 선순환 구조를 만들어낼 수 있다.[50]

<그림 5-3>은 대중교통서비스 개선으로 인한 전체 도시교통서비스의 선순환 구조를 정리한다.

<그림 5-3> 대중교통개선으로 인한 교통서비스의 선순환 구조

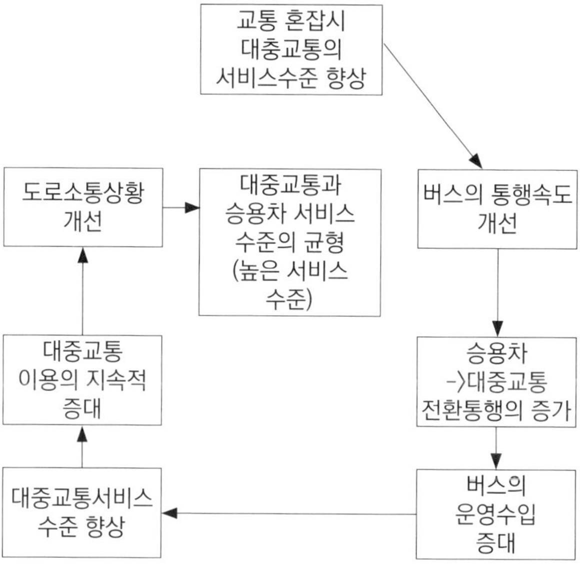

```
                        교통 혼잡시
                        대중교통의
                        서비스수준 향상
                              │
                              ▼
  도로소통상황    대중교통과         버스의 통행속도
    개선    ←   승용차 서비스       개선
    ▲        수준의 균형            │
    │        (높은 서비스           │
    │           수준)               ▼
  대중교통                        승용차
  이용의 지속적                   -> 대중교통
    증대                         전환통행의 증가
    ▲                             │
    │                             ▼
  대중교통서비스                  버스의
  수준 향상      ←               운영수입
                                  증대
```

대중교통서비스 개선으로 인한 교통서비스의 선순환 구조는 비단 교통체계에서만 그치지 않는다. 대중교통을 이용하는 사람이 많아질

---

50) 이런 차원에서 대중교통중심의 도시 개발을 천명한 세종시가 BRT 순환망은 잘 만들었지만 이와 연결되는 지선버스 등의 배차간격이 25~20분 수준인 점은 대중교통 이용자를 줄이고 승용차 이용자를 늘리는 원인이 될 수 있다. 신도시에 입주하면서 차를 소유하는 순간 대중교통 이용률 증대는 그만큼 어려워진다. 시당국이 적자를 보더라도 모든 버스의 배차간격을 10분 이내로 줄이고 새로운 아파트 단지가 입주할 때마다 적절한 간선 및 지선버스 노선을 제공했다면 지금보다 대중교통 이용률도 높아지고 전체적인 도시교통 흐름도 좋았을 것으로 보인다.

수록 보행 통행은 늘어난다. 출발지에서 대중교통 정류장까지 혹은 대중교통 정류장에서 목적지까지 걸어서 이동해야하기 때문이다. 보행자가 많은 거리는 주변 건물과 잘 어우러질 경우 상업, 업무, 문화 활동을 촉진시킨다. 따라서 도시 전체적 관점에서 보면 대중교통 중심의 도시개발은 도시의 기능을 활성화하는데도 도움이 된다.

공유교통의 고려

최근 부상하고 있는 공유교통(Sharing Transport)은 보행 활성화에 기여할 것으로 기대된다. 가령 자전거 공유제도는 버스, 지하철 등과 연계되어 더 넓은 지역에 대중교통 서비스를 제공할 수 있는 기회를 연다. 대중교통 접근성이 좋아지는 만큼 승용차를 이용하던 사람 중에서 대중교통으로 전환하는 사람이 생기게 되면 보행도 늘어날 것이다.

하지만 같은 공유제도라 하더라도 승용차 공유제도는 대중교통 이용을 오히려 낮출 수 있는 가능성도 있다[51]. Martin과 Shaneen(2011)이 2008년 승용차 공유제도에 참여하는 북미지역 6,281명을 대상으로 설문조사한 결과 승용차 공유제도가 대중교통 이용을 줄이는 효과가 있는 것으로 나타났다. 구체적으로 승용차 공유에 동참하면서 589명이 철도이용을 줄였고, 828명이 버스 이용을 줄인 반면 494명이 철도 이용을 늘리고 732명이 버스 이용을 늘린

---

51) Martin, E. and Shaneen, S., 「The impact of carsharing on public transit and non-motorized travel: An exploration of North American carsharing survey data」, Energies Vol 4, pp. 2094-2114, 2011.

것으로 나타나 전체적으로 대중교통이용은 감소하였다. 이는 기존에 대중교통을 이용하다 승용차 공유제도에 참여한 사람이 개인 승용차를 이용하다 승용차 공유제도에 참여한 사람보다 많았기 때문인 것으로 보인다. 하지만 승용차 공유제도 이후 756명은 보행이 늘어났다고 답변했으며 568명은 감소했다고 답변하였다. 자전거 이용이 늘었다고 응답한 사람은 628명, 줄었다고 답변한 사람은 235명에 그쳐 승용차 공유제도 시행으로 보행과 자전거 이용은 더 늘어나는 경향이 발견된다.

한편 승용차 공유제도의 활성화는 차량 대수를 줄이고 이에 따라 주차장도 크게 줄어든다는 주장도 있다.[52] 포르투갈 리스본을 사례로 한 시나리오 분석에서 공유차량의 일종인 무인택시(무인으로 자율주행하는 택시)가 지하철 등의 대중교통과 함께 운영될 경우 기존 승용차의 10분 1 수준으로 기존 교통수요를 충분히 처리할 수 있는 것으로 나타났다. 이렇게 되면 축구장 210개에 달하는 노상주차 면적이 사라지고 건물 내 주차장도 80%나 불필요하게 된다. 이는 승용차 공유제도 시행으로 가로의 공공공간을 넓힐 수 있고 건물 내부의 주차공간도 보다 생산적인 공간으로 전환할 수 있음을 의미한다. <그림 5-4>는 국내외에서 서비스되고 있는 공유교통의 사례를 보여준다.

---

52) ITF/OECD, Urban Mobility System Upgrade: How shared self-driving cars could change city traffic , International Transport Forum Policy Papers N° 6, 2015.

<그림 5-4> 공유교통서비스 국내외 사례

블록 크기와 도로 폭원

도시개발에서 작은 블록은 보행 활성화에 중요하다. 넓은 크기의 블록에 하나의 건물만 들어서는 경우보다 큰 블록을 여러 개의 작은 블록으로 나누어 건물을 짓게 되면 그만큼 다양한 모양의 건물이 여러 가지 용도로 쓰일 수 있게 된다. 이런 도시 환경은 걷는 사람들의 흥미를 유발한다. 이 때문에 <그림 5-1b>처럼 현대의 근린주구 개념에서는 대로에 인접한 필지의 전면부를 좁게 한 필지가 제시된다. 작은 블록의 중요성은 제인 제이콥스[53]도 강조했다. 작은 블록은 또 건물의 높이를 무한정 높일 수 없으므로 도시의 밀도를 낮추는 효과도 있다.

작은 블록의 더 중요한 장점은 건물과 인접한 도로의 폭이 넓을 필요가 없다는 점이다. 채광, 통풍, 도시미관 등의 측면에서도 구태여

---

53) 제인 제이콥스 (유강은 옮김), 『미국 대도시의 죽음과 삶』, 그린비, 2010

넓은 도로가 필요하지 않다. 물론 차량교통의 관점에서 도로가 좁아지면 좋지 않을 수 있다. 많은 교통량을 처리할 수도 없고 차량들의 속도가 낮아지기 때문이다. 그렇다고 아주 나쁘지도 않다. 만약 교차로가 작고 차량의 진입속도도 낮다면 교차로에서 신호등을 아예 없애고 회전교차로로 운영하여 신호 정체시간을 줄일 수 있기 때문이다. 도시내 차량통행은 차량의 속도보다 신호대기시간에 더 큰 영향을 받는다는 점을 고려할 필요가 있다. 전체 통행시간의 40~50%는 신호대기시간이 차지한다.[54] 좁은 도로는 무엇보다 보행자에게 매우 유리하다. 도로를 횡단하기도 편해지고, 차량의 속도가 낮아진 만큼 사고가 나기 전에 대응할 수 있는 여지가 커진다.

하지만 우리나라의 도시부 도로는 대체로 차량 중심의 광로가 많다. 일반적인 도시계획 도로의 규모를 정하는데 활용되는 '도시·군계획시설의 결정구조 및 설치기준에 관한 규칙'에서부터 원활한 차량소통을 위해 넓은 도로를 강조하기 때문이다. 이에 의하면 간선도로는 폭 40m 이상의 넓은 도로로 1km 간격으로 설치되고 25m~40m 폭원의 도로는 500m 간격으로, 12m~15m 수준의 중로는 250m 간격으로 설치한다고 규정하고 있다. 보도의 폭에 따라 달라지겠지만 폭 40m 수준이면 왕복 8차로 도로를 만들 수 있는 수준이다. 좁은 12m 도로가 양방향 2차로 도로 수준이다. 하지만 폭 40m는 간선도로 중에서 가장 규모가 작은 것이다. 가장 큰 규모의 간선도로는 폭

---

54) 한상진, 임재경, 소재현, 엄기종, 도시부도로 속도관리체계 개선방안, 한국교통연구원, 2017.

70m 이상도 가능하다.

　넓은 도로가 좁은 도로에 비해 도시미관, 통풍, 채광 등의 측면에서 유리할 수 있지만 가장 큰 폐단은 교차로에서 발생한다. 넓은 도로와 넓은 도로가 만나니 당연히 교차로도 넓어지고 그만큼 교통사고 가능성이 커지기 때문이다. 넓은 교차로는 특히 보행자에게 매우 위험하다. 횡단하는 거리가 길수록 횡단시간도 늘어나게 되며 그만큼 차와의 충돌 가능성이 커지기 때문이다. 특히 넓은 교차로에서는 보행자의 최소횡단시간이 늘어나 전체적인 신호주기가 길어질 수밖에 없다. 그만큼 교차로 대기시간이 늘어난다는 의미이다. 대기시간이 늘어나면 신호위반, 과속의 가능성도 커진다. 그만큼 사고로 연결될 가능성은 높아진다.

　따라서 보행자중심의 도시에서 도로는 굳이 넓을 필요가 없다. 오히려 좁은 도로를 도시 도로망 체계의 골격으로 운영하면서 회전교차로를 운영한다면 차량의 속도는 낮아지지만 교차로에서 발생하는 손실시간이 크게 줄어들어 전체적인 통행시간은 큰 차이가 나지 않을 수 있다. 이런 도로교통체계에서는 낮은 속도 때문에 보행자와 차량의 충돌 가능성도 낮아지며 설사 충돌하더라도 중상이나 사망사고 가능성을 크게 낮출 수 있게 된다.

　이런 차원에서 넓지 않은 폭원의 도로를 중심으로 다양한 가로 및 교차로 설계 방안을 연구할 필요가 있다. 넓은 도로는 아니지만 차량의 소통을 향상시키기 위해 차량의 주행공간과 주변 건물과의 상호

작용이 일어나는 주정차 공간, 보행 공간을 분리하거나 통합하는 도시부 도로 설계방안이 나올 수도 있다. 좁은 도로와 좁은 도로가 만나는 교차로는 크기가 작아 신호등을 설치한다 하더라도 신호주기를 줄일 수 있고 회전교차로 등 무신호 교차로로 운영되는 것이 유리할 수도 있다. 결국 좁은 도로와 이에 따른 좁은 교차로는 사람 중심의 가로일 뿐만 아니라 차량 소통 면에서도 크게 효율이 떨어지지 않는 방안이 된다.

블록의 크기는 보행자의 동선 선택에도 영향을 준다. 블록이 크면 건물의 크기가 커지며 그만큼 가로망이 단순해져 보행자들의 동선 선택 방식도 단순해진다. 이에 반해 블록의 크기가 작으면 더 많은 수의 다양한 건물이 입지하게 되며 그만큼 도시활동도 다양해진다. 보행자들 또한 선택할 수 있는 동선의 종류도 많아진다.

〈그림 5-5〉 블록의 크기와 보행 동선의 다양성 차이

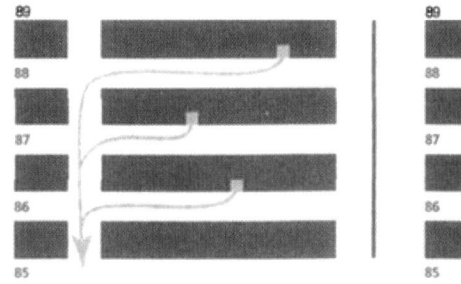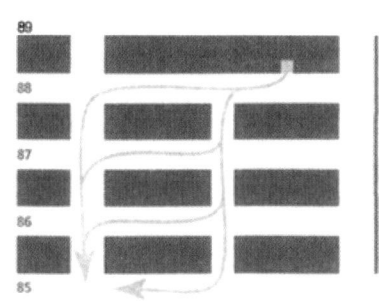

〈출처〉 Reid Ewing, Keith Bartholomew, 『Pedestrian- and Transit-Oriented Design』, Urban Land Institute, 2013. p.29.

단독주택지구의 공동 주차장

차량의 무분별한 이용은 보행자에게 가장 치명적이다. 특히 주차가 제대로 이루어지지 않을 경우 보행자 사고 발생가능성이 높아진다. 2016년 경찰 통계에 의하면 보행자 교통사고 중 52% (898명)가 주택가 및 상업지역 주변 보행자 통행이 많은 폭 9m 미만의 생활도로에서 발생했다. 이러한 도로는 대개 보도와 차로 구분이 없는 보차혼용도로가 대부분이다. 이런 생활도로의 교통사고는 무분별한 주차로 시야 확보가 어렵기 때문에 발생하는 경우가 많다. 이지선·정재훈(2012)[55]는 차량용 블랙박스에 저장된 139건의 주정차 관련 사고 동영상을 분석한 결과 약 50%가 주택가 생활도로에서 발생하는 것으로 나타났다. 이들 사고는 대체로 주정차한 차량 사이로 뛰어나오는 보행자를 차량이 미처 발견하지 못해 발생하는 것으로 보인다.[56] 좁은 길에 차량이 주차한 경우 길 가장자리에 있던 보행자가 미처 주행하는 차를 확인하지 못하고 도로에 뛰어들 수도 있고 혹은 주행 중인 차량의 운전자가 주차한 차들 사이로 갑자기 튀어나오는 보행자를 확인하지 못한다는 것이다. 이렇게 차량 운전자와 보행자가 서로를 알아보지 못하는 상황을 '가림현상'이라고 한다. 따라서 주택가 생활도로에서 보행자를 보호하기 위해서는 주차가 적절히 관리되어야 한다. <그림 5-6> 단일로와 교차로에서 주차차량으로 발생하는 차와 보행자의 가림현상을 보여주고 있다.

---

55) 이지선 · 정재훈, 차량용 블랙박스 영상자료를 이용한 불법주정차관련 보행자 사고의 특성분석 및 개선방안 연구, 한국교통연구원, 2012.

56) 영국에서는 이런 상황에 대한 보행자 교육을 시행하고 있다. http://www.lifewise999.co.uk/road-safety

〈그림 5-6〉 단일로와 교차로에서 주차차량으로 발생하는 차와 보행자의 가림현상

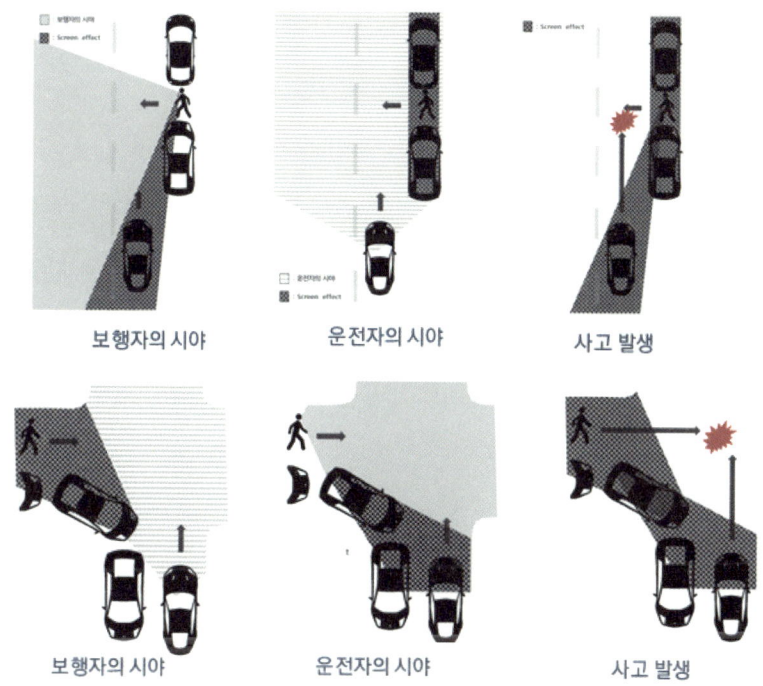

 합리적인 주차정책은 단독주택지구의 주차수요와 공급의 불일치를 해소하는 것에서 시작해야 한다. 주차장법에 가구당 주차면 설치 기준[57]이 있기는 하지만 수요에 미치지 못한다. 한 가구가 여러 대의 차를 소유하는 경우도 많고 허가된 가구 수보다 실제 거주하는 가구 수가 많아 단독주택 필지 내부에서 차량을 박차(泊車)시키기 어려운 경우가 대부분이다. 주택내부에서 주차공간을 찾지 못한 차량은 도로 등 다른 곳에 주차공간을 찾아야 한다. 특히 상가, 식당, 카페 등 근

---

57) 주차장법에 의하면 단독주택지구는 면적 50초과 150 이하인 경우 1대 그 이상인 경우에는 100 당 1대씩 더 설치해야 한다.

린생활시설이 있는 단독주택지구의 경우 주차문제가 더욱 심각해진다. 이들 시설을 방문하는 차량들도 노상에 주차할 수밖에 없기 때문이다.

그럼에도 불구하고 높은 밀도의 다세대·다가구 주택이 들어서고 근린생활시설도 운영할 수 있는 일반주거지역의 단독주택지구에서 주차문제를 해결하기 위한 근원적인 처방은 찾기 어렵다. 현재의 단독주택지구 개발방식으로는 불법주차 문제를 해결하기 어렵다는 사실을 인지하고 있음에도 불구하고 적극적인 개선방안을 찾고 있지 못하는 실정이다. 이는 아파트 등 공동주택지구의 주차문제가 크게 개선되고 있는 추세와 비교된다. 특히 최근에 지어지는 아파트는 주차공간을 지하로 두고 지상 공간을 아예 보행자 공간으로 할당하여 차와 보행자의 충돌 가능성을 크게 줄이고 있다.

단독주택지구에서의 보행자 안전문제를 개선하기 위해서는 먼저 단독주택지구 개발의 원칙부터 바뀌어야 한다. 우선 지금처럼 보도가 없는 보차혼용도로를 주택가 생활도로의 표준으로 인식하는 관행에서 벗어날 필요가 있다. 주택가 생활도로는 차들도 이용하지만 어린이, 노인들이 걸어서 자주 이용하는 길이기도 하다. 이런 도로에 보행자를 위한 보도가 설치되지 않는 것은 불합리하다. 만약 보도가 설치될 수 없는 이유가 있다면 도로에서 통행우선권이 차보다 보행자에게 주어지는 보행자우선도로의 지위라도 부여해야 한다. 좁은 보도를 설치할 바엔 차량의 속도를 크게 낮추고 이를 제어하는 보행자우선도로가 더욱 효과적일 수도 있다. 그리고 주택가 생활도로는 차량의 속도를 시속 30km 이하로 제한해야 하며 이를 유지하기 위한 과속방지턱, 지그재그식 도로 등 적절한 속도제한장치가 설치될 필요가 있다. 여기에 더해 보행자들이 쉴 수 있는 벤치, 편안한 느낌을 주는 식재 등이 설치될 수 있다면 더욱 좋을 것이다.

마지막으로 단독주택지구를 개발할 때 아파트 단지처럼 블록 단위의 공동주차면 관리도 고려할 필요도 있다. 현재의 단독주택지구 개발방식으로는 노상 불법주차를 막아내기 어렵다. 개인이 주차면을 조성하고 운영하기에는 비용을 감당하기 어렵다. 이런 차원에서 단독주택지구를 개발할 때 지구별 공동 주차장을 만들고 이들이 공동으로 주차장을 관리하는 방안을 찾을 필요가 있다. 마치 아파트는 입주할 때부터 공동 주차장 이용이 원칙이듯 단독주택지구도 그런 식으로 주차장을 운영하는 것이다.

이런 공동주차장 운영방식은 단독주택지 개발비용을 높이고 입주자들에게 추가적 운영비용을 초래하기는 하지만 현재와 같은 불법주차와 이로 인한 교통사고 문제를 근원적으로 막을 수 있는 방법이 될 수 있다. 만약 단독주택지가 공동주차장 운영을 매개로 공동 관리비를 낼 수 있는 기금이 만들어진다면 주차비용을 넘어 주택개보수를 위한 공동 적립금으로 활용할 수도 있을 것이다. 이렇게 되면 마을 공동체의 소속감과 동질감을 촉진시키는 효과도 기대할 수 있다. 공동주차장 운영방식은 도시재생사업에서 적극 검토할 필요가 있다.

상업지구 주차관리

상업지구에서는 단독주택지구와 다른 노상 주차면 관리가 요구된다. 상업지역에 위치한 건물들은 대개 방문객들을 위한 주차면을 건물 내부에 충분히 확보하고 있다. 주차장은 해당 상업지구의 경쟁력을 높이는 차원에서도 중요하기 때문이다. 하지만 이에 더해 노상 주차면을 합리적으로 이용하는 방안도 검토할 필요가 있다. 가령 샌프란시스코는 노상 주차면 이용률을 80% 수준에 맞추기 위해 약 1,000개의 노상 주차면을 이용률에 따라 시간당 25센트에서 6달러까지 요금을 부과하고 있다. 이렇게 노상 주차장을 적극 활용하면 가로의 활력을 높이는 효과가 있다. 노상에서 직접 상가로 접근이 가능하기 때문에 사람이 거리에 많아지기 때문이다. 다만 적절한 요금부과가 없다면 무질서한 주차 때문에 오히려 혼란만 가중시킬 수 있으므로 주의하여야 한다. 또한 노상주차면의 허가는 건물 내 주차면이 어느 정도 확보된 이후의 보조적 수단으로 인식될 필요도 있다. 우선 건물 내 주차장이 확보되도록 유도한 이후에 노상 주차면을 고려해야 한다는 의미이다.

휴식과 재미

도시에서 보행이 활성화되기 위해서는 사람들이 머물고 쉴 수 있는 공간과 흥미를 느낄 수 있는 활동이 제공될 필요가 있다. 먼저 사람들이 머물 수 있는 공간으로는 도시내부의 자투리땅을 공원으로 활용하는 쌈지공원의 확대를 꼽을 수 있다. 쌈지공원은 건물과 건물 사이의 유휴지를 이용할 수도 있고 가로의 한 차로를 parklet으로 활용할 수도 있다.

어떤 경우든 도심에 위치한 쌈지 공원은 주변 주민들과 직장인들에게 쉼터의 역할을 한다. 공원의 접근성을 높이고 적절한 조명시설을 제공하면 공원이 우범지대로 변할 가능성은 낮아진다. 특히 벤치와 테이블, 어린이 놀이시설 등을 제공하면 사람들이 더 많이 이용할 수 있게 된다. 사람이 많아지면 그만큼 더 안전해진다. 이런 쌈지공원은 주변 사람들이 나와서 걷도록 하는데 효과적이다. <그림 5-7>은 서울시 창동에 조성된 쌈지공원의 사례이고 <그림 5-8>은 가로에 차로를 줄이고 조성하는 parklet의 예이다.

<그림 5-7 > 쌈지공원 사례 (서울시 창동 한평공원, 도시연대)

<출처> 걷고싶은도시 만들기 시민연대 http://www.dosi.or.kr/active/one-park-made-with-resident/

〈그림 5-8〉 가로에 설치되는 parklet 설계의 사례

〈출처〉 Global Street Design Guide

보도에 테이블을 설치하는 노천카페나 식당은 가로의 재미와 활력을 높이는데 도움이 된다. 노천카페를 지나가는 사람들이나 거기에 앉아있는 사람 모두 서로에게 흥미를 제공하기 때문이다. 특히 각기 다른 유형의 카페나 식당들이 연속해서 나타날 때 흥미는 더 증대된다. 유럽 도시에서 많이 발견되는 이런 보도 활용 문화는 우리나라에도 도입될 수 있을 것이다. 다만 노천 테이블을 설치할 수 있는 판매시설의 종류나 시간에 대한 규제와 적절한 이용료 부과 등을 통해 공공 가로가 무분별하게 이용되지 않도록 행정적 관리가 필요하다.

이와 유사하게 관리해야 할 대상이 노점상이다. 공공에서 판매 가능한 품목의 종류, 영업시간, 면적, 위치 등을 관리하고 적절한 운영비와 세금을 납부하도록 하면 가로 활성화에 긍정적 영향을 줄 수 있다. 가로에서 흥미로운 활동이나 체험을 증가시키는 효과가 있기 때문이다.

<그림 5-9> 노천카페와 노점상

노천카페 (라이프찌히)   노점상 (서울)

건축물의 건축선 후퇴(set-back)로 조성되는 준공공공간(Semi public space)에 대한 적절한 규제와 운영도 중요하다. 주택가의 소형 상가건물의 경우 건축선 후퇴로 만들어진 공간은 주차장으로 활용되는 경우가 많다. 혹은 건물의 환기구나 변압기 등이 위치하기도 한다. 하지만 건축선 후퇴의 목적이 주차면 조성이나 각종 시설물 설치공간을 마련하는 것이 아니라 쾌적한 보행환경을 제공하는데 있는 만큼 보행자들에게 도움이 되는 공간으로 설계하고 운영될 필요가 있다. 이를 위해 우선 기존 보도와의 단차를 없애 보도 이용자가 건축선 후퇴공간도 자유롭게 이용할 수 있게 배려하는 게 좋다. 아울러 쌈지공원에 준하는 벤치나 테이블의 설치 등도 좋은 이용 방안이 될 수 있다.

보행자 중심의 가로 활성화를 유지하기 위해서는 젠트리피케이션(gentrification)을 적절히 규제하는 노력도 중요하다. 낙후된 가로에 새로운 소규모 문화시설이 들어서고 이후 다양한 카페나 상점이 연쇄적으로 입지하면서 가로가 활성화되는 것은 도시의 발전 측면에서 큰 의미를 갖는다. 그러나 이런 가로 주변의 상점 임대료가 올라가면서 높은 임대료를 감당할 수 있는 대형 프랜차이즈 상점이 입지하게 되면 가로의 매력이 오히려 떨어지게 되어 오랜 시간에 걸쳐 만들어진 상징성을 잃어버릴 수 있다. 이런 젠트리피케이션 현상을 막기 위해서는 임대료 상한제, 공공임대사업 시행, 판매수입과 임대료의 연계 등 다양한 규제 장치의 마련이 필요하다.

5.3 보행도시사례

스페인의 보행자 중심 슈퍼블록 사업

스페인 바르셀로나 시는 자동차 위주의 슈퍼블록 개념을 보행자 중심으로 전환하는 계획을 추진 중이다. <그림 5-10>의 검은색 선은 블록을 크게 구획하는 기준이 되며, 버스와 승용차가 이용하는 도로이며 제한속도는 시속 50km로 규제된다. 반면, 녹색 선은 블록 내부 거주자를 위한 도로로 제한속도를 시속 10km로 낮추어 차보다 보행자와 자전거를 우선시한다. 다시 말해 주로 차량 중심으로 이용되던 일부 도로를 보행자우선도로로 전환하는 계획으로 볼 수 있다. 이와 같은 보행자 중심의 슈퍼블록은 전체 교통량을 21% 감소시키는 효과를 기대할 수 있다. 또한 300m의 범위 안에서 버스정류장을 이용할 수 있도록 하며 평균대기시간도 5분 이내로 유지할 예정이다.[58]

〈그림 5-10〉 보행자 중심의 슈퍼블록 계획

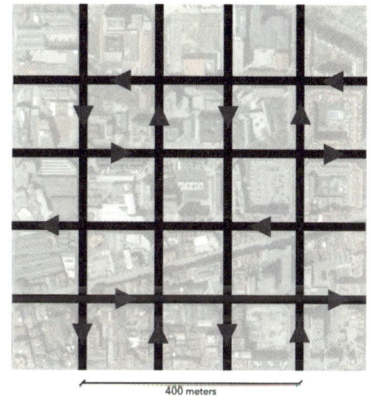
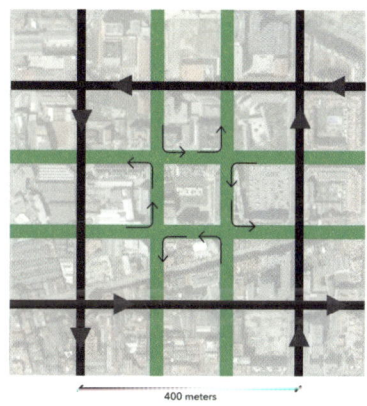

〈출처〉 Marta Bausells, Superblocks to the rescue: Barcelona's plan to give streets back to residents, the guardian, 17 May 2016.

대중교통중심개발 TOD

대중교통중심개발(Transit Oriented Development, TOD)이란 철도역 혹은 BRT 정류장 등 대중교통의 결절점을 중심으로 고밀개발을 유도하여 차량 이용을 최소화하는 도시개발 방식이다. TOD에서 일반적으로 발견되는 특징은 고밀개발, 복합용도, 보행 친화 등을 꼽을

---

58) Marta Bausells, ˹Superblocks to the rescue: Barcelona's plan to give streets back to residents˼, theguardian, 17 May 2016.

수 있다. 우선 고밀개발은 TOD 정류장을 중심으로 보행권역인 400m 반경 안에 주거, 상업, 업무, 문화 시설 등을 위치시키는 것을 의미한다. 복합용도는 건물이 단일 용도보다 상업과 주거 기능 등 두 가지 이상의 기능을 갖는 것을 의미한다. 이런 식의 개발은 직주근접을 꾀하고 불필요한 승용차 통행을 줄이는데 효과적이다. 보행친화는 정류장 및 주요 시설물까지 보행자가 차로부터 안전하고 편리하며, 쾌적하게 이동할 수 있는 것을 의미한다. <그림 5-11>은 경전철 역사 주변의 TOD 개발 현장 사진을 보여주고 있다. 역사 주변으로 주거시설, 상점, 식당 등이 들어서는 건물을 고밀로 개발하고 있다.

<그림 5-11> 경전철 역사 주변 TOD 개발 현장, Del Mar Station, 캘리포니아

〈출처〉 Reconnecting America & the Center for Transit-Oriented Development, Station Area Planning-How To Make Great Transit-Oriented Places, 2008

한편 미국 TOD 개발의 중심역할을 하는 CTOD라는 연구센터는 CTOD (2010)[59]에서 TOD 개발의 장점을 다음과 같이 정리한 바 있다.
- 모든 소득계층에게 대중교통 네트워크로의 접근을 보다 용이하게 한다.
- 자가용 통행량을 줄여 온실가스를 줄인다.
- 교통비용을 줄여준다.
- 보행과 자전거 이용을 촉진하여 공중보건을 향상시킨다.
- 지역의 주요 편의시설까지 쉽게 연결시킨다.
- 일자리 접근 기회를 높인다.
- 대중교통 이용객을 늘린다.
- 마을 공동체 의식을 창출한다.

사실 TOD라는 용어가 쓰이기 오래 전부터 일본과 홍콩에서는 TOD 개발이 이루어졌다. 일본에서는 1980년대 도쿄의 도심 과밀문제를 완화하기 위해 교외 도시에 TOD가 도입되었다. 주로 교외 개발은 민간 철도회사가 철로와 역사를 만드는 것에서 시작되고 TOD 주변 도시개발사업은 공공이 주도하였다. 2005년 츠쿠바시는 TX(Tsukuba Express) 철도노선과 토지구획정리사업을 같이 추진하였다. 이로 인해 주택이 신설되고 거주민이 증가하였다. 일반적인 일본의 인구 감소 추세 속에서도 츠쿠바시의 경우 TX 개통 후 3년 간 인구가 약 1만 명 증가한 것으로 나타났다.

---

59) Centre for Transit-Oriented Development, Transit Corridors and TOD-connecting the dots, 2010.

토지는 좁은데 인구밀도는 높은 홍콩에서는 1970년대 'Rail plus Property, R+P'라는 개발 방식을 채택하였다. 일본처럼 철도사업과 도시개발사업을 결합하는 개발방식이다. 홍콩 정부는 철도 개발과 운영을 맡는 MTR코퍼레이션이 철도개발 사업비용을 부동산 수익으로 충당할 수 있게 했다. 이 때문에 정부의 보조금이나 대출이 필요하지 않았다. R+P 개발은 빌딩, 공원, 편의시설을 철도역과 연결시키는 대표적인 TOD 개발 방식이라 할 수 있다.[60]

〈그림 5-12〉 TOD 개발 이미지-Rosslyn-Ballston Corridor, Arlington

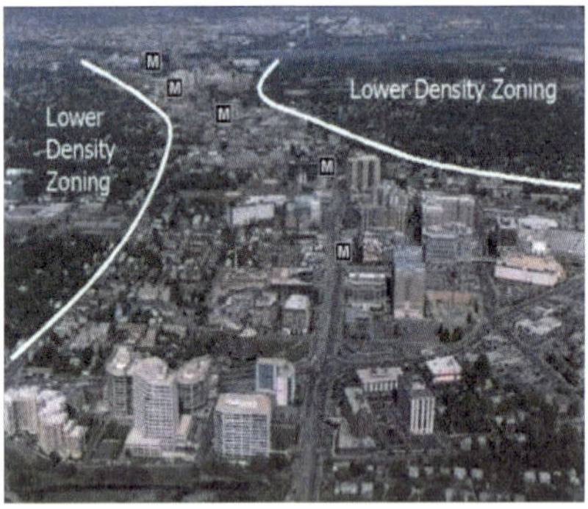

〈출처〉 Sustain Atlanta, 2015.01. https://sustainatlanta.com

최근에는 TOD Corridor 개발이 각광받고 있다. 여러 TOD들을 철도 노선을 따라 연속적으로 개발하는 형식이다. 이는 TOD의 장점을 도시 전체로 확대시키는 차원에서 매우 효과적이다. 〈그림 5-12〉는 알링턴 Arlington 시 Rosslyn-Ballston Corridor의 이미지를 보여주고 있다.

---

60) Lincoln Leong(CEO of MTR Corporation), The 'Rail plus Property' model: Hong Kong's successful self-financing formula, Mckinsey.com, 2016.

철도 역사를 따라 고밀개발이 이루어지고 그 옆으로는 저밀개발이 이루어지는 이미지가 잘 보인다. 이런 식의 Corridor TOD 개발은 큰 도시에서도 자동차 이용을 줄이는데 상당한 효과가 있다.

콤팩트 시티(Compact City)

콤팩트 시티(compact city)는 일반적으로 도심의 고밀·근접 개발, 대중교통 연계성 강화, 그리고 직주근접을 핵심으로 하는 도시개발사업을 말한다. 내용상 대중교통중심 도시개발 TOD와 매우 유사하다. 하지만 콤팩트 시티 개발 방식은 자동차 중심의 무분별한 도시확산 urban sprawl을 관리하는 차원에서 시작되었다는 면이 TOD와 다르다. 콤팩트 시티라는 용어는 Dantzig와 Saaty (1973)[61]에 의해 제시되었지만 그 개념은 「미국 도시의 죽음과 삶」을 집필한 제인 제이콥스가 제시하였다. 제이콥스는 자동차 중심의 도시개발에서 탈피하기 위해 복합개발, 걸을 수 있는 크기의 블록크기, 신규 건물과 오래된 건물 등 다양한 건물들의 혼합, 사람들의 밀집 등 네 가지를 콤팩트 시티의 요소로 제안하였다.

대표적인 콤팩트 시티 개발 사례로 일본 아오모리 시가 있다. 눈으로 유명한 아오모리 시는 매년 제설작업에 막대한 경비를 사용해 왔다. 하지만 도시가 외곽으로 성장하면서 제설이 필요한 도로 연장은 10년간 약 230km 늘어나 제설 경비도 증가하였다. 이에 무질서

---

[61] Dantzig, G. B. and Saaty, T. L., 1973, Compact City: Plan for a Liveable Urban Environment, W. H. Freeman, San Francisco.

한 시가지 확대를 억제하고 시민 모두의 생활에 필요한 기능을 중심부로 집적시키는 것을 목표로 콤팩트 시티 개발을 시도하였다. 고층에는 도서관 등의 공공시설, 저층은 상업시설로 이용할 수 있는 복합상업시설인 '아우가(AUGA)'를 도심에 건설하고 광장을 정비한 결과 중심 시가지의 인구가 1995년 2,717명에서 2011년 3,868명으로 늘어나는 효과가 있었다.[62] 또한 도심 활성화를 위해 경전철(2006년)과 신칸센(2015년) 등을 신설하여 대중교통 정비에 노력을 기울였다. 한편, 도심에 집을 짓거나 주택을 구입하는 이들에게는 보조금을 지급함으로써 도심 집중화를 유도하였다.[63]

영국에서는 1998년 정부주도로 T/F를 조직하여 「도시 르네상스를 위하여 Towards an Urban Renaissance」라는 보고서를 발간하였는데 여기서 '주택에 대한 계획정책 가이드 Planning Policy Guidance on Housing (PPG3)'를 제시하였다. 주요내용은 콤팩트시티의 개발 개념과 유사하다. 즉 도시개발사업 추진시 방치된 유휴지를 60%이상 활용하고 최소 거주밀도를 헥타르 당 30가구로 강화하며 주차면도 기존의 최소 기준을 최대 기준으로 바꾸는 것이었다. 이런 기준은 2009년 더욱 강화되어 유휴지 사용 비중 80%, 헥타르 당 가구수 43으로 바뀌었다. 미국에서는 이런 식의 고밀 개발방식을 스마트 성장 smart growth이라는 용어로 표현하고 있다.[64]

---

62) https://tchndr.wordpress.com/2017/03/17/compact-cities-in-japan-aomori/

63) MLIT, "Compact City Development using Public Transport (a case of Toyama City)", http://www.mlit.go.jp/kokusai/itf/kokusai_policy_000010.html

64) https://en.wikipedia.org/wiki/Compact_city 내용을 기반으로 재정리

대중교통전용지구(Transit Mall)

대중교통전용지구는 버스 등 대중교통수단만 진입이 허용되는 도로를 의미한다. 택시의 경우 하차만 허용된다. 승용차는 우회로를 이용해야 한다. 이 때문에 차량 이용자들은 불편할 수 있다. 반면 대중교통전용지구는 일반 차량을 위한 도로 공간을 줄이는 대신 보행 공간을 넓혀 보행 쾌적성을 높이는 효과가 있다.

〈그림 5-13〉서울 연세로 대중교통전용지구

〈출처〉서대문구청 홍보과 제공

〈그림 5-14〉대구 중앙로 대중교통전용지구

〈출처〉대구광역시청 건설교통국 제공

국내 대중교통전용지구는 대구시 중앙로에 2009년 12월 처음으로 만들어졌으며 서울에서는 2014년 1월 연세로에 조성되었다. 대중교통전용지구에서는 주변 상점을 이용하는 보행자가 늘어나 가로가 그만큼 활력을 갖게 된다. 이에 따라 주변 상점의 매출 증가 등 긍정적인 효과가 나타난 것으로 보인다. 한편 대중교통전용지구는 승용차 이용수요를 줄이고 대중교통 이용 수요를 늘리기 때문에 교통사고의 감소 효과도 크다. <그림 5-13>과 <그림 5-14>는 서울 연세로와 대구 중앙로의 대중교통전용지구를 보여주고 있다.

연세로 대중교통전용지구의 효과는 사고감소와 주변 상점의 매출 증가와 연결시켜 살펴볼 수 있다. <표 5-2>에 따르면 연세로는 대중교통전용지구 운영 이후 교통사고 발생 건수가 54.5% 줄어든 것으로 나타났다. 사고 감소효과는 연세로뿐만 아니라 주변 이면도로에서도 나타났다. 차량의 통행 속도가 시속 30km로 제한되고 교통량이 크게 줄었기 때문인 것으로 보인다.[65]

<표 5-2> 연세로의 교통사고 발생 건수 (단위:건/%)

구분	계	2013년 1~6월	2014년 1~6월	증감율(%)
계	48	29	19	△34.5%
연세로	16	11	5	△54.5%
이면도로	32	18	14	△22.2%

한편 대중교통전용지구내 상점을 찾는 이용객 수나 매출액도 소폭 증가한 것으로 조사되었다. 연세로 주변의 BC카드 가맹점 약 1,000여 개의 점포를 분석한 결과 대중교통전용지구 도입 이후 이용객수와 매

---

65) 서울시청 뉴미디어 '내 손 안에 서울', mediahub.seoul.go.kr

출건수 등이 평균적으로 소폭 증가한 것으로 나타났다. 매출액은 대중교통전용지구 도입 전에 월평균 17,052백만 원이었다가 17,764백만 원으로 4.1% 늘어났고 이용객수는 도입 전 월평균 206천 명에서 도입 이후 266천 명으로 29%나 늘어났다.

〈표 5-3〉 연세로 상점의 매출 추이
(단위:백만원, 천명, 천건)

구분	2013년						2014년					
	1월	2월	3월	4월	5월	평균	1월	2월	3월	4월	5월	평균
총매출액	16,840	16,292	17,633	16,714	17,782	17,052	17,692	16,096	18,654	18,063	18,315	17,764
총이용객수	198	192	211	211	220	206	245	244	274	276	290	266
총매출건수	564	494	609	598	651	583	592	550	687	680	717	645

연세로 대중교통전용지구에 대한 여론조사(2016)[66]에 의하면 보행자들은 대중교통전용지구 도입 이후 '보행의 편리함과 거리 환경 개선' 등의 이유로 80% 이상이 매우 만족한다는 답변을 하였다. 불만은 매우 낮은 수준이었다. 하지만 상인들의 불만 비중은 사업시행 후 초기에 50%까지 올라갔다가 나중에 30%로 낮아졌다. 이는 대중교통전용지구 등 보행환경개선사업에서 상인들의 요구를 잘 대변하고 사업 내용 및 취지를 이해시키는데 노력해야 함을 의미한다. 〈그림 5-15〉는 연세로의 대중교통전용지구 도입 이후 보행자와 상인의 만족도 변화를 보여주고 있다.

---

66) 서울특별시, 2016년 신촌 연세로 대중교통전용지구에 대한 여론조사 결과보고서 , 2016.

〈그림 5-15〉 보행자와 상인의 만족도 변화

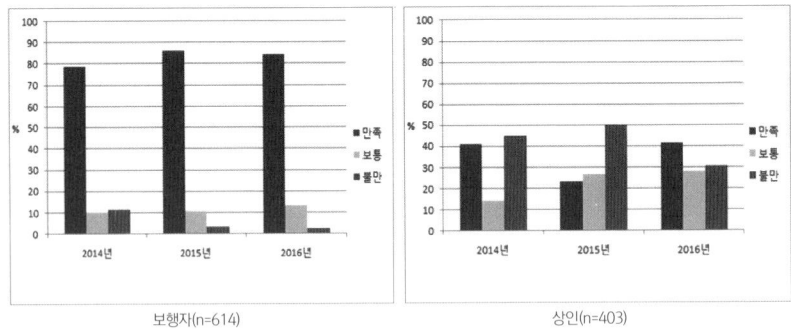

5.4 보행과 비즈니스

안전하고, 편리하며, 쾌적한 보행환경을 조성할 책임과 역할은 대체로 공공이 맡는다. 하지만 보행은 기존의 민간 서비스 산업을 활성화하고 새로운 비즈니스를 만들어내는 효과도 있다.

보행은 무엇보다 주택의 가치를 높이고 상업 및 업무지구의 경쟁력을 높이는 효과가 크다. 미국의 Walk Score라는 보행환경평가 서비스는 개별 건물이 지니는 보행측면의 가치를 정량적으로 점수화 한다.[67] 가령, 상점, 공원, 레스토랑, 스포츠 시설, 버스정류장, 지하철 역까지 걸어서 얼마나 안전하고, 편리하며, 쾌적하게 갈 수 있는지에 따라 점수를 매긴다. 이 점수는 이미 부동산의 가치와 상관도가 매우 높은 것으로 판명되었다. 이런 관점에서 새로 조성되는 건물 등의 가치를 높이기 위해 보행환경을 어떻게 개선하는 것이 좋은지 컨설팅이

---

67) www.walkscore.com

이루어지도 한다. 2016년 Walk Score에 따른 걷기 좋은 도시의 순위를 살펴보면 1위는 뉴욕(89점), 2위는 샌프란시스코(86점), 3위는 보스톤(81점)으로 나타났다.

보행환경평가에 더해 보행량을 추정하는 기법을 활용한다면 상권 분석 측면에서도 도움이 된다. 가령 보행자가 많이 이용하는 도로구간이 어디인지를 알게 된다면 부동산 개발이나 상점 입지 분석에 도움이 될 것이다. 최근 활성화되고 있는 보행 내비게이션 기술은 이러한 정보를 파악하는데 유용할 것으로 보인다. 스마트폰 앱에 기반한 보행 내비게이션 서비스 중에는 최단거리, 계단 제외, 안전한 길 등의 옵션으로 이용자 맞춤형 보행경로를 제공한다. 가령 계단을 제외하면 휠체어 이용자 혹은 시각 장애인들에게 도움이 된다. 안전한 길은 우범지대를 우회할 수 있어 여성이나 노인들에게 도움이 될 것이다. 최근에는 건물 내부의 보행 내비게이션을 지원하는 서비스도 등장하고 있다. 이에 더해 스마트폰 앱을 통해 걸음수를 측정해서 적립금을 받거나 기부하는 사례도 늘어나고 있다.

보행과 관광이 결합한 비즈니스도 활성화되고 있다. 서울 뿐만 아니라 런던, 파리, 뉴욕, 워싱턴 DC, 보스톤 등 세계 주요 도시에는 도보 관광을 저렴한 비용 혹은 무료로 서비스하는 도보관광 안내가 많다. London Walk, Paris Walk 등 해당 도시의 이름을 딴 도보관광 안내 서비스가 대표적이다. 이 서비스는 역사, 문화, 사회적 의미가 있는 도시의 장소를 따라 걸으며 자연스럽게 그 도시를 이해하는데 도움이 된다. 차 중심의 관광과는 달리 관광객이 해당 도시를 천천히 느껴볼 수 있는 기회를 제공한다는 측면에서 인기가 높다. 심지어 유럽의 주요 도시에서는 우리나라 관광회사가 배낭여행객 등을 위해 이런 서비스를 제공하기도 한다.

이런 측면에서 보행은 민간 부문에서도 앞으로 관심을 많이 가져야 할 대상이다. 무엇보다 기존의 자동차 중심의 도시개발이 사람 중심의 도시개발로 바뀌고 있다는 측면을 주목해야 한다. 이는 사람들이 걷기 편한 곳이 살기 좋은 곳이라는 인식이 사회적으로도 커진다는 의미이다. 이는 보행하기 좋은 곳을 찾을 수 있다면 부가가치를 더할 수 있는 사업 기회가 많아질 수 있다는 의미이다. 과거에는 사람들이 어느 길로 많이 걷는지, 어떤 경로를 주로 이용하는지 조사하는 것이 쉽지 않았다. 차량보다 훨씬 그 수가 많기 때문이기도 하고 사람들이 이용하는 통로, 장소, 시설 등은 차보다 훨씬 광범위하기 때문이다. 하지만 이젠 정보통신기술의 발전으로 상황이 바뀌었다. 스마트폰 정보를 공간정보체계(GIS, Geography Information Systems)와 연결시키면 가로별로 시간대별로 보행자수나 보행경로 등을 쉽게 파악할 수 있게 되었다. 이는 앞으로 보행과 관련한 민간 비스니스 기회가 더욱 커질 수 있음을 의미한다.

한 걸음 더

5.5 차 없는 거리가 지역 발전에 미친 영향

우리나라에는 1990년대 중반부터 차 없는 거리가 본격적으로 도입되어 현재는 전국 여러 도시에서 시행되고 있다.

유럽이나 일본과 같이 국내에서도 차 없는 거리 도입 초기에는 주변 상인을 중심으로 심각한 반대에 부딪쳤으나 시간이 지남에 따라 차 없는 거리의 효용성이 알려지게 되어 점차 확대 실시되어 왔다. 차 없는 거리의 실시가 보행량 증가 및 매상고 증가에 미치는 영향에 대한 국내연구는 거의 없으나 국외의 경우 1978년 OECD가 전 세계 100여 개 회원국의 도시에 대한 차 없는 거리 영향을 조사한 결과 전 세계적으로 49%의 도시에서 매상액이 증가하였으며, 25%의 도시는 변화가 없었고 나머지 25%에서 감소한 것으로 보고 되었다.[68] 또한 보행자 통행량과 매출액과의 상관성 조사는 최막중 등[69]의 연구에서 보행량 증가와 24시간 편의점의 입점객 증가에 상당한 상관성을 갖고 있음을 보여주고 있다.

한편 국내에서는 채혁병·진장원(2001)이 서울, 대구, 천안, 청주, 경주, 안동, 충주, 제천의 8개 도시를 대상으로 차 없는 거리의 도입이 지역 발전에 미치는 영향을 분석한 바 있다. 조사는 <표 5-4>와 같이 차 없는 거리에 대한 시민 선호도 조사, 보행자통행량 조사, 지가 조사 등을 실시하였다.

---

68) 최창호등 역, 녹색교통론, 서울시정개발연구원, 1994, pp.39-40
69) 최막중 등, 보행량이 소매업 매출에 미치는 영향에 관한 실증 분석, 대한국토 도시계획학회지 제36권 제2호(통권113호), 2001. 4

<표5-4> 설문항목과 조사내용

구분	설문항목		비고
	보행자	상점관계자	
설문 항목	선호하는 정도	매출증가 정도	평가단계(점수) 매우 긍정 (5) 긍정 (4) 보통 (3) 부정 (2) 매우 부정 (1)
	확대실시 찬반	확대실시 찬반	
	환경변화 정도	환경변화 정도	
	방문증가 정도	보행량 증가	
	장점	실시전 찬반	
	체류형태	영업기간	
	요망사항, 접근교통수단 등		
조사 내용	보행자 통행량		(인/시)
	지가변동		원/㎡
	토지이용상태		점포종류, 밀도
	거리 가구 등 연도 정비상태		보도석, 벤치
	접근 교통체계 및 주차장		주차장 유무

차 없는 거리 사업후에 환경적으로 쾌적해졌느냐는 질문에는 196명(60.5%)이 응답을 하여 불쾌해졌다고 응답한 18명(5.5%)에 비하여 월등하게 많았다. 차 없는 거리를 확대하여 실시하는 것에 대해서는 204명(64.0%)이 원한다고 응답하였고, 원하지 않는다는 52명(16.0%)으로 나타나서 대다수의 상점 주인들은 차 없는 거리가 확대되기를 원하는 것으로 나타났다.

보행자의 경우는 더욱 적극적이어서 확대실시 찬반에 대하여 82.2%의 응답자가 찬성을 하였고, 차 있는 거리에 비하여 차 없는 거리에 대한 선호도는 75.8%로 나타나 차 없는 거리가 시민들에게 지지되고 있음을 알 수 있었다. 도시별로는 서울, 청주의 경우가 확대실시

94.4% 찬성, 선호도 83.4%, 환경이 더 좋아졌다가 75.0% 정도로 지지를 받고 있었고, 제도만 도입되고 시스템은 부족한 상태인 경주, 천안, 이제 막 시작단계였던 제천 등이 전국 평균을 밑돌았지만 이들 역시 확대실시 여부에 대하여는 70.0% 이상이 찬성하고 있었다.

또한 차 없는 거리의 보행자통행량은 차있는 거리에 비해서 전국 평균 2.09배가 많은 것으로 나타났다. 물론, 차 없는 거리의 실시로 인한 보행자통행량 증가를 완전히 반영한다고 볼 수는 없으나 거의 유사한 지역, 토지이용패턴 상황에서 보행자통행량의 차이를 보인다는 것은 설문조사에서도 나타났듯이 보행자들이 차 있는 거리에 비해 차 없는 거리를 선호한다는 간접적인 증거로 보여진다. 지가의 경우에 있어서도 차 없는 거리 실시후의 지가는 차 없는 거리 실시 전에 비해서 전국 평균 1.49배가 상승된 것으로 나타났다. 단지, 차없는 거리 실시가 미진한 천안과 안동만이 공시지가가 감소한 것으로 나타나고 있다. 그러나 면접조사시 대부분의 중개업소 관계자들이 차 없는 거리 실시로 인해 지가 및 임대가가 상승했다고 얘기하고 있는 것으로 미루어 볼 때, 차 없는 거리 실시로 인해 지역발전에 긍정적 영향을 주고 있다고 판단된다.

한편, 지자체의 도입·관리방법에 따라 시민의 호응도 및 활성화 정도가 상당히 다르게 나타나는 것으로 조사되었다. 차없는 거리가 실시되고 있는 도시의 인구, 인구밀도, 자동차 보유대수 등의 기본지표와 시행경과 년도, 대중교통 서비스 수준 등의 자료를 이용하여 상관

분석 및 회귀분석을 수행하였다.

〈표 5-5〉 대상도시의 도시기본지표

도시	인구(인)	인구밀도 (인/㎢)	업체수 (개/천인)	종업원수 (인/천인)	자동차수 (인/천인)	승용차수 (대/천인)	도로연장 (m/인)	시행경과 년수(년)	대중교통 서비스
서울	10,373,234	18,014	69.4	344.6	235	173	0.76	4	양호
대구	2,539,587	2,868	68.8	261.8	255	184	0.81	5	양호
천안	425,135	668	2.1	101.1	286	193	2.38	1	양호
청주	582,758	3,801	0.7	54.3	279	194	0.85	19	양호
안동	184,108	121	2.8	38.6	245	144	5.13	4	불량
경주	291,409	220	2.5	96.3	281	186	2.60	6	불량
충주	217,325	223	0.9	37.4	259	159	4.10	5	불량
제천	143,780	163	0.9	26.2	288	178	5.30	2	불량

〈출처〉 전국 차없는 거리 현황 및 지역발전에 미친 영향 분석에 관한 연구, "대한교통학회 제42회 학술발표회 자료집", 2002.11.16, 부산대학교

 그 결과, 승용차 보유대수와 일인당 도로연장 간의 상관계수는 -0.629로 음의 관계를 나타내 상대적으로 도로연장이 긴 도농통합도시일수록 승용차 보유대수는 작은 것으로 나타났으나, 승용차 분담율과의 상관계수는 0.782로 나타나 도농통합도시일수록 차 없는 거리 접근시 승용차에 많이 의존하고 있는 것으로 나타났다. 보행자의 경우 쾌적성 향상 정도는 도로연장과 -0.721의 강한 음의 상관관계를 나타내고 있어 대도시에 비해서 상대적으로 이미 기존 자연환경이 좋은 도농통합시의 경우 차 없는 거리에 의해서 환경이 쾌적해졌다고 느끼는 정도가 약한 것으로 추정된다. 방문횟수 증가 정도는 승용

차 보유대수와 0.657의 상관관계를 보여 대도시일수록 차 없는 거리가 생긴 후 방문횟수가 증가하고 있음을 알 수 있었다. 확대하는 것에 대한 찬성정도는 대중교통 정비여부와 0.781, 도로연장과 -0.724의 상관성을 보여주어, 대중교통이 잘 정비되고 도시규모가 큰 도시일수록 확대하는 것을 적극 찬성하고 있는 것으로 나타났다.

상점 상인들 역시 쾌적성 향상정도는 도로연장과는 -0.633의 음의 상관관계를 보여 대도시에 비해 도농통합도시의 상인들이 쾌적성 향상정도를 덜 느끼고 있는 것으로 나타났다. 매출액, 매출비율 증가정도는 차없는 거리를 시행한 경과년수와 0.732, 0.834의 강한 상관관계를 보이고 있어 차없는 거리를 시행한 초기보다는 시간이 어느 정도 경과하여 안정될수록 매출도 따라서 증가함을 추정해볼 수 있다. 주차정비 여부에 대하여 0.791, 정부관심 및 단일도심의 경우에 각각 0.609의 상관계수를 보이고 있어, 차없는 거리 주변에 주차장이 잘 정비되고, 정부가 관심을 보이며, 실시한 후 시간이 어느 정도 경과한 단일도심을 갖는 중소도시의 경우에 매출비율이 신장됨을 알 수 있었다.

〈표 5-6〉 보행자 및 상인의 선호의식과 관련된 회귀식

대상	회귀모델식	R^2	F값	관측수	유의수준
보행자	선호도 = 0.213*대중교통 + 3.875 (2.91)　　(74.94)	0.52	8.4	8	0.027
	쾌적도 = -0.007*도로연장 - 0.208*주차정비 + 7.915E-06*인구밀도 + 3.985 (-8.40)　　(-7.34)　　(3.33)　　(111.43)	0.94	40.6	8	0.002
	확대찬성 = 0.133*대중교통 - 0.191*지가변화 - 0.0064*도로연장 + 4.421 (2.10)　　(-5.64)　　(-3.30)　　(39.88)	0.93	30.0	8	0.003
상인	쾌적도 = 0.415*대중교통 - 0.00069*종업원수 + 3.534 (7.65)　　(-2.82)　　(110.48)	0.90	32.8	8	0.001
	확대찬성 = -0.173*도로연장 - 0.0058*승용차보유대수 + 5.801 (-8.66)　　(-2.64)　　(11.91)	0.93	43.9	8	0.001

〈표5-7〉 보행자 통행량과 지가 변화 등에 관련된 회귀식

회귀모델식	R^2	F값	관측수	유의수준
보행변화비율 = 0.191*경과년수 + 0.985 (6.26)　　　(4.15)	0.85	39.2	8	0.001
지가액변화 = 132419*업체수 - 4450001*단일도심여부 + 4459724 (6.24)　　　(-3.47)　　　(3.72)	0.96	90.7	8	0.000
지가변화비율 = 0.996*주차정비+0.003858*경과년수-2.8E-05*인구밀도+0.858 (15.69)　　(7.43)　　　(-5.68)　　　(23.21)	0.99	203.3	8	0.000
매출증가비율 = 6.446*보행변화비율 - 9.940 (9.05)　　　(-5.95)	0.92	81.9	8	0.000

한편, 보행자 교통량의 절대적인 변화는 당연히 인구규모가 큰 도시일수록 높게 나타났으며, 승용차 분담율과는 -0.711을 나타내어 대중교통을 이용하는 사람들이 많을수록 보행자 교통량이 많이 증가함을 알 수 있었다. 이에 비해 시행 전과 시행 후의 보행자 증가정도를 나타내는 비율은 경과년수와 0.931의 대단히 강한 양의 상관관계를 나타내 차 없는 거리를 시행한 후 시간이 흘러가면 흘러갈수록 보행자량은 더욱 큰 비율로 증가함을 알 수가 있다. 또한 보행변화 비율은 매출변화비율과 0.965의 대단히 높은 상관성을 나타내고 있어 보행자 교통량의 증가는 분명히 매출액 증가에 깊은 관계가 있는 것으로 나타났다. 지가의 절대적인 금액의 변화는 보행자 교통량과 마찬가지로 인구규모와 0.855, 업체 수와 0.953, 종업원수와 0.929, 보행자 교통량 변화와 0.810의 강한 양의 상관관계를 나타내고 있어 경제력이 큰 대도시일수록 지가액의 변동 폭도 큼을 알 수 있다. 이에 비해 도로연장과는 -0.741, 승용차 분담율과는 -0.844의 강한 음의 상관관계를 보여주고 있어 도시규모가 작을수록 지가액의 변동이 작음을 알 수가 있다.

참고문헌 (Endnotes)

1) 진장원, 채혁병, '전국 차없는 거리 현황 및 지역발전에 미친 영향 분석에 관한 연구', "대한교통학회 제42회 학술발표회 자료집", 2002.11.16, 부산대학교
2) 최창호등, 녹색교통론, 시정개발연구원, 1994
3) 최막중, 신선미, 보행량이 소매업 매출에 미치는 영향에 관한 실증 분석, 대한국토·도시계획학회지 제36권 제2호(통권113호), 2001. 4
4) Ray Bridle, Living with Traffic, arrb Trans-port Research, 1996
5) Keller, H.H., Three generations of traffic calming in the Federal Republic of Germany, Environmental Issues, PTRC 17th summer Annual Meeting, 1989
6) Tolley, R., The hard road: the problems of walking and cycling in British cities, The Greening of Urban Transport, 1990
7) 진장원, 보행권 확보와 이면도로 정비방안', "도시문제 제36권 제12호(통권397호)", 대한지방행정공제회, 2001. 12., pp.45-62

보행교통의 이해
살기 좋은 도시 만들기의 첫 걸음

초판 1쇄 | 2019년 3월 12일
지은이 | 한상진 장수은 진장원
펴낸이 | 손영선
펴낸곳 | (주)키네마인
표지디자인 | 방윤정
편　집 | 이형찬
사이즈 | 278쪽 | 152*225

ISBN 978-89-94741-35-2

정가 13,000원

잘못 만들어진 책은 교환해 드립니다.
본 저작물은 저작권법에 의하여 보호를 받는 저작물이므로
무단 전제와 무단 복제를 금합니다.